吴 瑕
刘汗青 主编

储气库完整性管理技术

以枯竭油气藏型天然气地下储气库为例

化学工业出版社

·北京·

内容简介

本书以国内外枯竭油气藏型天然气地下储气库及其失效事故案例为基础，结合完整性管理技术的核心原理和关键方法，深入探讨了储气库从设计到建设、运营再到废弃的全生命周期地面设施完整性管理技术，并介绍了地面设施检测、监测技术等用以提高完整性管理水平的软、硬件技术手段，旨在为油气储运工程专业师生、储气库运营管理者以及相关研究人员提供一本全面可靠的参考书籍，使其能够更好地理解和应用相关管理技术，提高储气库的安全性和可靠性。

图书在版编目（CIP）数据

储气库全生命周期完整性管理技术：以枯竭油气藏型天然气地下储气库为例 / 吴瑕，刘汗青主编. -- 北京：化学工业出版社，2024. 12. -- ISBN 978-7-122-47163-5

Ⅰ. TE972

中国国家版本馆 CIP 数据核字第 20240MN006 号

责任编辑：高　宁　仇志刚　　　　　文字编辑：杨欣欣
责任校对：宋　玮　　　　　　　　　装帧设计：刘丽华

出版发行：化学工业出版社
　　　　　（北京市东城区青年湖南街 13 号　邮政编码 100011）
印　　装：北京天宇星印刷厂
710mm×1000mm　1/16　印张 11　字数 203 千字
2025 年 6 月北京第 1 版第 1 次印刷

购书咨询：010-64518888　　　　　售后服务：010-64518899
网　　址：http://www.cip.com.cn
凡购买本书，如有缺损质量问题，本社销售中心负责调换。

定　　价：128.00 元　　　　　　　　版权所有　违者必究

编写人员名单

主　编　吴　瑕　刘汗青

副主编　尹荣林　武梦琦　彭运涛

编　委　（按姓氏笔画排序）

　　　　王　健　尹荣林　刘汗青　李春龙

　　　　李雪蓉　吴　瑕　武梦琦　胡　燮

　　　　唐永旺　彭运涛

前言

在能源转型与可持续发展的时代背景下，天然气作为清洁高效的能源，其战略地位日益凸显。随着全球能源消费结构的不断优化，天然气的储存与调峰成为保障能源供应安全、促进经济平稳运行的关键环节。枯竭油气藏型地下储气库，凭借其成本低、容量大、安全性高等优势，已成为全球范围内广泛采用的天然气储存方式。然而，受储气库使用年限增加、地质条件变化等因素影响，储气库失效事故也时有发生，甚至造成重大经济损失乃至人员伤亡。因此，实现对储气库全生命周期的完整性管理，保证其安全、高效运行，成为一项极具挑战性的任务。

在此背景之下，本书总结梳理了国内外在枯竭油气藏型储气库全生命周期内的安全管理标准与实践经验，结合翔实的失效事故案例分析，系统阐述了完整性管理技术的核心原理和关键方法。全书不仅涵盖从设计、建设、运营至废弃的全生命周期管理流程，还详细介绍了地面设施检测、监测技术的最新进展，包括先进的监测设备、智能分析软件以及大数据分析等软、硬件技术手段，为枯竭油气藏型储气库的完整性管理提供了全面、深入的指导。

在此，笔者要特别感谢海关总署科技项目（项目编号：2022HK077）和昆明海关科技项目（项目编号：2023KM010）对本书出版的支持和资助。上述项目是编者主持的基金项目，本书是两个项目的阶段性成果。同时，西南石油大学一流学科建设经费也对本书的出版给予了资助，对此深表感谢。还要特别感谢沈定金、牟磊在第 1 章和第 2 章编写过程中所做的贡献，他们完成的数据统计和因素分析工作为本书的开篇奠定了坚实的基础。此外，也要衷心感谢杜明峡、邢先锋、柳金豆对全书内容的精心校订，确保了本书内容的准确性。

笔者相信，本书的出版，将为从事天然气储存与调峰工作的科研人员、工程技术人员及管理人员提供一本实用的参考书。笔者同时期待本书的出版能够激发更多关于储气库完整性管理技术的研究与探讨，共同推动这一领域的不断进步与发展。

吴瑕，刘汗青

2024 年 12 月

目录

1

储气库概述

1.1 储气库建设发展史

储气库，一般指地下储气库，是将天然气（LNG）压缩以后通过不同方式注入地下自然或人工构造空间而形成的储气场所。时间最早的地下储气库建设可以追溯到 20 世纪初，距今已有百年历史。1915 年，加拿大首次在安大略省的 Welland 气田进行储气实验；1916 年，美国在纽约布法罗附近的 Zoar 气田利用气层建设地下储气库；1958 年，苏联专家在萨拉托夫地区的叶尔尚斯基-库尔久姆油田选择了 4 口井进行注气试验，注气压力为 3.5MPa，基本达到了预期效果[1]。我国初次尝试利用废弃气藏建设储气库是在 20 世纪 60 年代末，分别在 1969 年建成萨尔图 1 号地下储气库和 1975 年建成喇嘛甸地下储气库。

目前，多数文献将地下储气库分为四个典型类型，即枯竭油气藏型、盐穴型、含水层型和废弃矿坑型。部分学者也依据储层或地质构造特征将其划分为两类，即多孔介质类和洞穴类，前者包括枯竭油气藏型、含水层型地下储气库等，后者包括废弃矿坑型、盐穴型地下储气库[2]。枯竭油气藏型储气库是利用已开发到末期的油气藏进行注气改造，由于油气开发过程中对地下认识已逐渐加深，建库风险小，投资成本最低。盐穴型储气库通过对厚层盐丘进行化卤造腔，需要对卤水进行地面净化处理，投资成本高，但盐腔注采能力高，调峰能力最强。含水层型储气库由地下高渗透性含水构造注气驱水改造而成，性能与枯竭油气藏型储气库相似，但需要额外的地下勘探投资，建库风险相对较大[3]。地下储气库具有调峰力强、可靠性高等优势，因而在世界上广泛发展。

随着全球能源形势的变化，地下储气库的建设重新成为了人们关注的焦点。在中国，环境压力加强了对天然气的需求。在欧洲，俄乌冲突、天然气市场需求随季节变化急剧增加、欧洲液化天然气自身供应能力有限等因素导致 2022 年地下储气库天然气储气量水平是过去六年中的最低水平，欧洲的天然气价格一路走高，之后欧洲各国能源部长达成了协议，实施价格上限，同时叠加工业产出萎缩抑制了天然气需求等因素，导致天然气价格又逐渐下降。2021 年 12 月 29 日，荷兰 TTF 天然气期货价格为 18.78 欧元/兆瓦时，到 2022 年 8 月 26 日，荷兰 TTF 天然气期货价格达到峰值 339.20 欧元/兆瓦时，而后开始降低，截至 2024 年 11 月 6 日，荷兰 TTF 天然气期货价格降低到 40.39 欧元/兆瓦时，目前趋于稳定[4]。为应对俄乌冲突而启动的 RePowerEU 计划要求在 2022 年 11 月 1 日之前将储气设施装满至 80% 的容量，并在接下来的几年内提高到 90%。而实际到 2022 年，其储气水平已超过计划要求。乌克兰加速地下储气库的建设，其产能被欧洲贸易商用作"储存库"[5]。在俄罗斯，由于冬季气候异常严酷且时间漫长，补充国内地下储气库储量成为国家优先工作。世界各地越来越多的政府认识到地下储气库在供应安全、管理灵活性、优化生产、电网运营以及抑制价格波动方面的关键作用。目前全球在建的封存项目有 68 个，新增工作气容量 480 亿 m^3。除非洲外的所有地区都参与了建设活动。2025 年，仅中国就将占全球新增气容量的一半左右。

2024 年出版的《全球地下储气库——2023 年现状》报告提到，全球共有 678 个地下储气库设施在运行，全球的工作气量为 4290 亿 m^3，其中枯竭油气藏型储气库工作气量占比达到 81%[5]。通过地下储气库增大天然气存储能力是应对能源危机的主要途径之一，制定天然气存储政策也是确保能源供应安全的有效方式。第 28 届世界天然气大会（2022 年）统计资料显示，全球地下储气库分布相当不均衡，绝大多数都位于欧洲、美国和俄罗斯，其中美国地下储气库库容量最大，为 1390 亿 m^3，俄罗斯为 910 亿 m^3[6]。具体全球地下储气库库容量如表 1-1 所示。

表 1-1　全球地下储气库库容量及占比

国家	地下储气库库容量/亿 m^3	占比/%
美国	1390	29.32
俄罗斯	910	19.20
中国	370	7.81
乌克兰	340	7.17
加拿大	280	5.91
德国	280	5.91
意大利	240	5.06
土耳其	150	3.16
法国	140	2.95
奥地利	130	2.74
荷兰	130	2.74

国家	地下储气库库容量/亿 m^3	占比/%
伊朗	120	2.53
匈牙利	110	2.32
澳大利亚	90	1.90
西班牙	60	1.27

1.2 美国储气库

（1）基本情况

根据美国能源信息署（EIA）统计[7]，截至2023年9月，美国正在运行的地下储气库有387座，其中枯竭油气藏型地下储气库有307座，占比达到79.33%，含水层型地下储气库有44座，盐穴型地下储气库有36座；总工作气量1355亿 m^3，其中枯竭油气藏型地下储气库工作气量为1104亿 m^3，占总工作气量的81.48%（图1-1）。

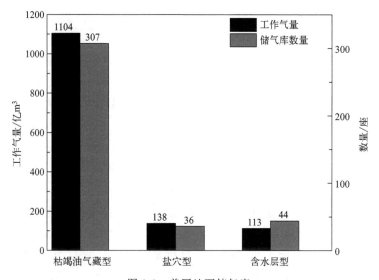

图1-1　美国地下储气库

美国能源信息署将美国境内储气库分布划分为6个区，分别是阿拉斯加州、太平洋地区、山区、中南部地区、中西部地区和东部地区。由表1-2可知，美国中南部地区枯竭油气藏型地下储气库工作气量最多，达到300.78亿 m^3，占比达到27.25%；其次是东部地区，储存工作气量为299.78亿 m^3，占比达到

27.16%；中西部地区储存工作气量为 239.62 亿 m³，占比达到 21.71%。这三个区属于美国地下储气库密集区，这是因为中西部地区人口众多，为温带季风气候，冬季时间较长且寒冷，需要较多的地下储气库存储天然气应对冬季季节调峰；东部地区天然气探明储量少，气田较少，但是聚集美国诸多工业设施，因而需要大量地下储气库提供天然气为工业设施发电；中南部地区则是因为人口密集和工业区密集，需要大量地下储气库储存天然气[8]。

表 1-2　美国地下储气库区域划分数目与工作气量

地区	枯竭油气藏型储气库数量/座	工作气量/亿 m³	工作气量占比/%
中南部地区	58	300.78	27.25
东部地区	119	299.78	27.16
中西部地区	79	239.62	21.71
山区	24	132.95	12.04
太平洋地区	22	111.57	10.11
阿拉斯加州	5	19.23	1.74

美国的第一座储气库，即位于纽约州的 Zoar 气藏，始建于 1916 年，同时它也是全球范围内的第二座储气库，至今仍然保持运营状态。综合各类资料，美国储气库的建设发展历程可以分为三个主要阶段：初步建设阶段、快速发展阶段以及补充完善阶段[9]。

① 初步建设阶段（1916—1950 年）　在这一特定的历史阶段，北美地区的储气库建设主要集中于美国本土，这一时期恰好对应于美国天然气工业发展的初期阶段。20 世纪 20 年代末，伴随着管道输送技术的显著发展，美国在 1927 年至 1931 年的短短数年间，成功完成了 12 条具有重大意义的天然气主干线的建设。与此同时，天然气的消费需求呈现出迅猛增长的态势，至 1930 年，其消费量已高达 345 亿 m³。鉴于天然气长距离输送和消费规模的急剧扩大，季节性波动变得尤为显著，这使得安全平稳的供气成为当时最为迫切的需求。因此，利用储气库调峰成为了确保安全平稳供气的最为有效的途径，这也推动了储气库建设的快速发展。如图 1-2 所示，美国在 1931 年进行第一次含水层储气实验；在 1938 年通过了天然气法案，打破了州之间天然气贸易的壁垒；1941 年西弗吉尼亚州建立第一座枯竭油气藏型地下储气库；1946 年在肯塔基州建立第一座含水层型储气库[10]。在这一阶段，储气库类型主要以枯竭油气藏型为主，储气库工程技术不断进步，1931—1950 年共建成储气库 78 座。

② 快速发展阶段（1951—1980 年）　在这一阶段，北美地区的天然气行业于蓬勃发展，不仅天然气的消费量与储存量呈现出迅猛的增长态势，天然气管网的建设也在加速推进，日趋完善。天然气储气库建设技术在此期间快速发展，相关

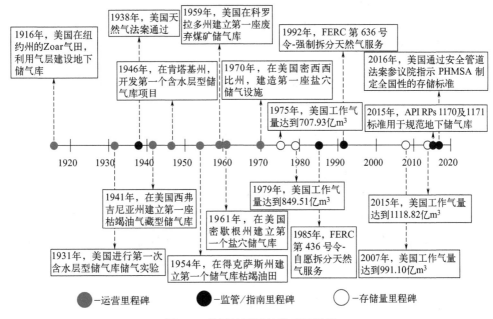

图 1-2 美国地下储气库时间历程

的行业标准也逐步得以确定和完善，储气库也从原先单一的枯竭油气藏型发展至含水层型与盐穴型等多种类型并存、共同发展的格局。1959 年美国在科罗拉多州建立第一座废弃煤矿地下储气库，1961 年在密歇根州建立第一座盐穴型储气库。1951—1980 年共建储气库 234 座，1979 年地下储气库工作气量达到 849 亿 m^3[10]。

③ 补充完善阶段（1981 年至今） 1992 年，美国联邦能源管理委员会（FERC）的第 636 号令放松了对天然气行业的监管，并准许第三方进入，从根本上改变了天然气行业的监管和运营环境[11]。自 20 世纪 90 年代初期开始，美国实现了天然气生产、运输和销售全产业链的市场化，使美国储气库行业盈利水平极大提高。据统计，在 2015 年美国的地下储气库储气量就已达到 1118 亿 m^3。

（2）运营模式

1992 年 FERC 的第 636 号令放松对储气库业务的监管，允许第三方进入，使地下储气库的经营商独立于天然气开发商与终端销售商，只负责天然气的储存与运输[12-13]。运营模式逐步形成以"独立仓储型"为主，"捆绑销售型"和"市场价差型"为辅的多元格局。

① 储气库早期管理运营模式 在美国天然气工业发展初期，天然气产业放开管制之前，政府将储气费纳入管输费中，与天然气输送捆绑经营，价格由政府统一调控，是典型的一体化运营模式。此时的美国地下储气库作为天然气输气和

配气管网的功能性组成部分之一，与管道系统形成一个相互关联的整体[14-15]。储气库业务视为管道功能性的组成部分，与长输管道实行捆绑式服务，储气设施由天然气供应商（管道公司和配气公司）拥有和运营，天然气供应商从天然气生产商手中购进商品天然气后，通过长输管道输送到用户，储气库主要承担着平衡管道负荷和调配管道系统的输气量的作用。因此储气库主要由天然气管道公司和城市燃气公司拥有和运营，以优化管网系统运行，提高供气的可靠性与安全性，并满足用气高峰需求。管道公司拥有流经其管道系统的天然气，控制储气库的储气能力及使用[16-17]。

② 放松管制后的管理与运营方式　20 世纪 80 年代末，美国放松天然气工业管制，储气库的功能、用途和管理方式开始发生变革[18]。FERC 的第 636 号令变革主要体现以下方面：储气库已被视为天然气供应链中的一部分，而不再是输气管道或配气管网的功能性结构之一；储气库主要用途从输气量管理（满足市场的季节性需求差和调峰等）转向商业和金融管理（管理价格风险或降低天然气价格）；实行地下储气库第三方准入。

管道的第三方准入打破了管道公司垄断购气、输气和售气的捆绑式服务，天然气产业链的各个部分都独立企业运营。监管部门要求州际管道公司将其管理的储气库向第三方开放，即大部分工作气量必须向第三方开放（除管道运营者维持管道系统正常运营和平衡负荷而预留的气量外），在公平的基础上出租给第三方。使得经营和拥有天然气储气库的公司包括美国州际的管道公司、各地配气公司、州内管道公司和专业的储气库服务商[18-19]。这些企业根据各自的情况投资建设、运营管理储气库和使用储气量。美国各类型企业拥有储气库和经营储气库的数量及储气能力见表 1-3。

表 1-3　美国各类型企业拥有储气库和经营储气库的数量及储气能力

企业类型	拥有储气库数量/座	经营储气库数量/座	拥有储气能力/亿 m^3
州际管道公司和州内管道公司	256	31	77
城市燃气公司	116	287	560
独立储气库运营商	16	70	174
电力公用事业公司	0	0	155

a. 州际管道公司和州内管道公司　州际管道公司和州内管道公司使用储气库，主要用于平衡长输管道的压力和资源供应管理，为此 FERC 允许他们预留储气库部分工作气量[20]，但严禁州际管道公司和州内管道公司通过拥有的储气库工作气量来进行天然气销售。

b. 城市燃气公司　城市燃气公司主要利用储气库满足企业月度用气负荷波

动、日运行平衡和事故供气需求，并通过储转实现盈利。城市燃气公司才是真正让地下储气库发挥作用的经营主体。在得到州政府监管机构批准后，城市燃气公司使用储气库解决供气调峰的过程，可以通过合理运营来获得更多的经济收益。这些公司通常拥有大型的城市配气管网，既可以满足终端用户的用气需求，又可以将其管理的储气库能力租赁给第三方而从中获利。

c. 独立储气库运营商　目前美国有 45 家独立储气库公司。与传统储气库公司不同，独立储气库公司只经营储气服务，不涉及管输与销售业务。根据 FERC 的统计，在其监管的 388 座储气库中，独立储气库公司管理运营 70 座储气库，总工作库容 174 亿 m^3，占其监管的 388 座储气库总工作气量的 18％左右。

d. 电力公用事业公司　电力公用事业公司一般不投资建设储气库，但是却拥有一定份额的储气能力。

通过表 1-3 可以看出，州际管道公司和州内管道公司投资建设了 66％的储气库，但是其实际经营管理和使用气量比例较小。城市燃气公司投资建设了 30％的储气库，同时也实际运营管理这些储气库和使用大部分气量，因此，城市燃气公司才是真正让地下储气库发挥作用的经营主体。

（3）定价模式

在天然气产业放开管制之前，美国地下储气库作为管道的辅助设施，与管道捆绑运营，没有单独的定价机制，通常根据储气库的投资和成本形成相应费用，计入管输费。

在天然气产业放开管制之后，储气业务与管输业务分离，向第三方提供有偿储气服务。独立运营，单独定价，建立了储气价格形成机制。目前美国储气价格的确定方法主要有服务成本法和市场需求法[21-22]。FERC 管理之下的州际储气库，其价格一般按服务成本法制定，费率包含成本和合理的投资回报。对于独立储气库，储气价格可按服务成本法制定，也可按市场需求法定价。

1992—2004 年，为使储气库运营商获得稳定收益，美国采用服务成本定价法对储气库费率进行定价。在服务成本定价法下，储气服务成本被划分为固定成本和变动成本两项。50％的固定成本分配给采出流量，50％的固定成本分配给容量。注入和采出费用用于回收变动成本。服务成本法的储气费用组成及计算依据见表 1-4，定价流程如图 1-3 所示。

表 1-4　服务成本法确定储气费的费用组成及计算依据[22]

费用类别	费用含义	计算依据
采出流量费	合同预定最大单日采出量	50％固定成本
容量费	合同预定储气容量	50％固定成本
注入费和采出费	实际注入/采出气量	变动成本

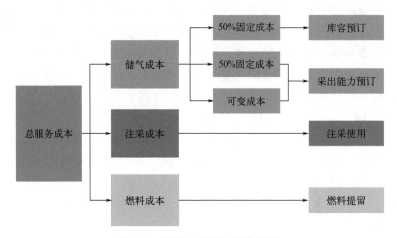

图 1-3　服务成本法的定价流程

　　随着天然气产业发展，2005 年美国的"能源政策法"在"天然气法"中加入了新的条款，要求 FERC 授权天然气公司对于新建储气能力（即新法实施后投产的储气库）可以采用市场价格为用户提供储气服务。市场需求储气价格通常需经过价格监管部门的严格审查，下达储气费价格区间，低限不低于储气服务的短期边际成本，但无价格上限[22]。市场需求定价主要是为了让储气库运营商可以用高需求时的收益弥补低需求时的损失和未收回的投资成本[24]。

　　FERC 会定期对储气运营商的储气费率进行检查，以确认该储气商没有垄断和控制市场，以保护储气服务的公平和无歧视性。

　　上述两种定价方法，将会让独立的储气库运营商在经营过程中面临着两个问题：一是储气库开发比管道建设具有更大的风险[25]；二是储气库脱离管道独立运营将会面临更大的风险。加之利用储气库进行商品套利行为的出现，基于服务成本的储气费率不足以反映调峰服务的价值，也没有充分考虑高风险投资的回报率，一些储气运营商对服务成本定价法能否回收投资成本有所担心。因此 FERC 在服务成本定价法的基础上又发展了高峰期/非高峰期或者季节储气价格两种定价方法，具体价格水平由储气运营商和用户协商确定。由 FERC 对储气运营商的年收入总体水平进行控制。

（4）服务类型

　　美国天然气市场化改革之前，州际/州内管输企业并未单独对外提供储气服务。改革以后，储气库运营企业普遍提供了多样化的储气服务以满足用户需求。一般而言，仅经营储气库业务、储气能力小、面向客户较为单一的储气库公司服务类型相对较少；而与管线统一经营、储气能力强大、调峰需求旺盛的储气库公司提供的服务种类可超过 10 种。但各类型储气库公司，都拥有固定储气、可中断储气和寄存/暂借这 3 类基本服务。

① 固定储气服务 固定储气服务即储气库在注气期接收用户来气并注入储气库，储存至采气期采出并交付给用户的服务。无论用户是否使用，储气库公司均需要为用户预留约定的储气和注采能力，而用户需要根据预订量缴纳预订费，根据实际使用量缴纳使用费。

用户在签订固定储气合同时，需要约定最大储气能力、最大日注气量、最大日采出气量 3 个参数，据此计算服务费用并按月缴纳。

② 可中断储气服务 可中断储气服务是储气库公司在任意一天接收客户来气注入或从储气库采出并交付用户的服务。可中断用户无需缴纳储气和注采能力的预订费用，仅根据实际使用量缴纳使用费，因此服务优先级低于固定储气服务。

可中断储气服务的特点在于用户的储气能力和注采能力均可中断。当储气能力无法满足全部用户储气需求时，储气库公司将发布"储气能力紧张"通知，可中断用户则应在次日前采出一定比例的库存气。如用户届时未能按要求采出，剩余应采气量将无偿归储气库公司所有。

当注采能力紧张，不能同时满足全部用户需求时，储气库公司将降低可中断用户的注采能力，以保障固定储气用户的正常注采操作。注采能力在可中断用户内部之间按如下方法分配：①注气能力优先分配给高速率用户，待高速率用户注入完成后，再满足低速率用户注入要求；②若全部可中断注入要求已经超出可中断服务总注入能力，则按各用户速率的比例进行分配；③采出能力根据各用户库存气量的比例分配，如果分配给某用户的采出能力超出其所要求的能力，则多余部分由分配采出能力低于要求能力的用户平均分配。

③ 寄存/暂借服务 寄存/暂借服务是储气库公司根据用户的要求，在合同约定日期范围内任意一天接收用户来气，储存一定时间后（通常不超过 30 天）再根据用户要求采出并交付的服务。寄存气体如未在规定时间全部采出，剩余部分将归储气库公司所有。暂借服务则是用户先在合同约定的下气点接收储气库公司交付的天然气，一定时间（通常不超过 30 天）后再归还，暂借气体如未在规定时间内足额归还，剩余部分将被视为销售给暂借用户，储气库公司将按合同事先约定的价格向暂借用户收取销售价款，这一价格通常会明显高于市场气价。

1.3 加拿大储气库

（1）基本情况

1915 年，加拿大首次也是世界首次，在安大略省的 Welland 气田进行储气实验。至今，加拿大的地下储气库分布在五个省[26]：阿尔伯塔省、不列颠哥伦比亚省、安大略省、魁北克省和萨斯喀彻温省。加拿大地下储气库类型以枯竭油气藏型为主，截至 2022 年底，加拿大所有地下储气库设施的总容量为 280 亿 m^3，大部分储存在阿尔伯塔省，部分储气库数据可查附表 A.2。加拿大在五个省分布了 48 座大小不一的枯竭油气藏型地下储气库，其中最大的枯竭油气藏型地下储气库 Aitken Creek 位于不列颠哥伦比亚省的蒙特尼产区中心，工作气量达到 26.9 亿 m^3。截至 2024 年 3 月，加拿大已经储存了 7440 亿 ft^3（210.68 亿 m^3）的天然气[27]。

（2）运营模式

加拿大储气库运营模式与美国大致相同，由国家能源署（以下简称 NEB）负责管理省际和国际的管道，有联邦管理机构和省级管理机构两级。但是不同于美国的 FERC，加拿大的 NEB 不拥有地下储气库的管理权限。省内的管道运输由各省的相关机构管理，储存服务一般不受管理，只有在没有集成的气体配送系统的情况下才对储存服务进行管理，而且是处于省管理机构管辖下。

1.4 欧洲储气库

（1）基本情况

近年来，欧洲的地下储气库工作气量以及数量逐年攀升，国际燃气联盟（IGU）主席李雅兰在北京举行的 2024 天然气产业发展大会上分享的数据指出[28]：欧盟已建成地下储气库的工作气量达 1000 多亿立方米每年（不包括 LNG 储气），占其天然气年消费量的 24%。截至 2022 年底，全球共有 678 个地下储气库设施在运行，欧洲占比约为 20%[29]。总体而言，欧洲地下储气库具有充足的储存能力，许多国家拥有的储存容量大于需求，可以通过天然气管网向其他周边国家提供工作气量[9]。欧洲地下储气库以枯竭油气藏型为主要类型，约占总工作气量的 66.2%，盐穴型和含水层型储气库也占据一席之地（表 1-5）。从国家分布来说，德国的盐穴型储气库较多，法国以含水层型储气库为主。正在运行、正在建设和计划建设的枯竭油气藏型地下储气库有 99 座，工作气量有 1108.25 亿 m^3，分布在乌克兰、意大利、荷兰、奥地利、德国、匈牙利、斯洛伐克、罗马尼亚、波兰、土耳其、捷克共和国、保加利亚、白俄罗斯、克罗地亚、塞尔维亚、英国和希腊共 17 个国家，欧洲主要国家的工作气量和储气库数量如表 1-6 所示。

表 1-5　欧洲不同类型储气库工作气量及占比

储气库类型	工作气量/亿 m³	占比/%
枯竭油气藏型	1108.3	66.2
盐穴型	297.2	17.7
含水层型	85.7	5.1
其他	184.1	11.0

表 1-6　欧洲主要国家枯竭油气藏型储气库数量与工作气量

国家	储气库数目	工作气量/亿 m³	工作气量占比/%
乌克兰	11	299.22	27.00
意大利	21	236.43	21.33
荷兰	4	135.32	12.21
奥地利	9	91.97	8.30
德国	10	83.57	7.54
匈牙利	6	67.28	6.07
斯洛伐克	3	45.46	4.10
罗马尼亚	7	43.98	3.97
波兰	7	28.26	2.55
其他	21	76.76	6.93
总计	99	1108.25	100

　　欧洲目前尚在运行的年代最久远的枯竭油气藏型地下储气库投产于 1964 年，位于意大利的科尔特马焦雷地区。由图 1-4 可知，欧洲枯竭油气藏型地下储气库的建设从 1970 年开始进入快速发展期，西欧国家冲破美国的反对和阻挠，与苏联进行了十分广泛的油气合作，地下储气库逐渐修建起来，数量突增。在 2000 年以后，建库速度下降，储气库建设进入平稳发展期。近年来欧洲对天然气的依存度逐年增长，同时大部分俄罗斯输欧天然气要经过时常动荡不安的"地缘政治枢纽"乌克兰，导致地下储气库的建设速度再次加快[8]。由统计到的数据，目前欧洲在建和计划建立的枯竭油气藏型地下储气库达到 29 座。

　　表 1-7 为欧洲不同时间段建立的枯竭油气藏型地下储气库。在 1960—1970 年，意大利建立 4 座地下储气库，占同时期储气库的绝大部分；1970—2000 年，是欧洲枯竭油气藏型地下储气库建设的快速发展期，乌克兰和德国分别建立了 11 座地下储气库，其次是意大利建立了 6 座地下储气库，波兰建立了 5 座地下

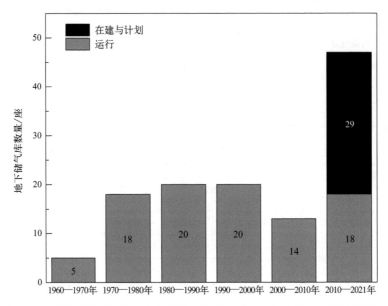

图 1-4　欧洲不同时间段建立的枯竭油气藏型地下储气库数量（两个峰值）

储气库等；2000 年以后，欧洲枯竭油气藏型地下储气库建设进入平稳发展期，捷克建立了 9 座地下储气库，其次是奥地利建立 6 座地下储气库，意大利建立了 5 座地下储气库，波兰建立了 2 座地下储气库等。

表 1-7　欧洲不同时间段建立的枯竭油气藏型地下储气库

时间段	国家	储气库名称/位置	时间段	国家	储气库名称/位置
1960—1970 年	德国	Stockstadt	1970—1980 年	德国	Bierwang
	意大利	Cortemaggiore		德国	Bad Lauchstädt
	意大利	Sergnano		法国	SERENE Nord：Trois-Fontaines l Abbaye
	意大利	Brugherio		捷克	Tvrdonice
	意大利	Ripalta		罗马尼亚	Urziceni
1970—1980 年	奥地利	Tallesbrunn		斯洛伐克	Láb complex incl. Gajary-Baden
	奥地利	Schönkirchen/Reyersdorf		乌克兰	Krasnopopivske
	保加利亚	Chiren		乌克兰	Bohorodchanske
	波兰	Swarzow		匈牙利	Kardoskút
	波兰	Brzeznica		匈牙利	Pusztaederics
	德国	Wolfersberg		意大利	Minerbio
	德国	Jemgum H（VGS）			

时间段	国家	储气库名称/位置	时间段	国家	储气库名称/位置
	奥地利	Puchkirchen/Haag		斯洛伐克	Láb 4
	波兰	Strzchocina		乌克兰	Bilche-Volytsko-Uherske
	波兰	Husow		乌克兰	Proletarske
	德国	Inzenham-West	1990—2000年	乌克兰	Verhunske
	德国	Schmidhausen		西班牙	Serrablo
	捷克	Štramberk		西班牙	Gaviota
	捷克	Dolni Dunajovice		匈牙利	Zsana
	克罗地亚	Okoil		意大利	Collalto
	罗马尼亚	Bilciuresti		奥地利	Haidach 5
1980—1990年	乌克兰	Uherske(XIV-XV)		奥地利	Haidach
	乌克兰	Oparske		奥地利	Haidach
	乌克兰	Dashavske		白俄罗斯	Pribugskoye
	乌克兰	Solokhivske		波兰	Daszewo
	乌克兰	Hlibovske		捷克	Třanovice
	乌克兰	Kehychivske	2000—2010年	捷克	Uhřice
	匈牙利	Hajdúszoboszló		捷克	Uhřice
	意大利	Fiume Treste		罗马尼亚	Târgu Mureș
	意大利	Cellino		罗马尼亚	Ghercesti
	意大利	Sabbioncello		土耳其	Silivri(Marmara)
	意大利	Settala		匈牙利	Szöreg-1
	波兰	Wierzchowice		英国	Hatfield Moor
	德国	Rehden		英国	Hampshire
	德国	Allmenhausen		奥地利	Aigelsbrunn
	德国	Breitbtunn		奥地利	7Fields
	德国	Fronhofen		奥地利	Nussdorf/zagling
1990—2000年	德国	Uelsen		波兰	Bonikowo
	荷兰	Grijpskerk	2010—2021年	荷兰	Bergermeer
	荷兰	Norg(Langelo)		捷克	Dambořice
	荷兰	Alkmaar		捷克	Dambořice
	捷克	Dolni Bojanovice		捷克	Dambořice
	罗马尼亚	Balanceanca		捷克	Dambořice
	罗马尼亚	Sarmasel		捷克	Dambořice

时间段	国家	储气库名称/位置	时间段	国家	储气库名称/位置
2010—2021年	捷克	Dambořice	2010—2021年	意大利	Bordolano
	塞尔维亚	Banatski		意大利	Cornegliano
	西班牙	Marismas		意大利	FiumeTreste
	意大利	Cotignola&San Potito		意大利	FiumeTreste F

（2）监管政策

欧盟针对中下游能源领域推行的市场化改革始于1998年欧盟发布的第一个天然气指令《天然气内部市场通用规则》（也称"第一号欧盟天然气指令"或"98/30/EC"）。该指令提出：为了确保欧洲内部天然气市场的建立和有效运营，欧盟各国在输送、储存、配送领域必须承担维护市场公平竞争的义务，要求具有自然垄断性质的基础设施、运输网络、储气库以及液化天然气接收站实行第三方准入机制。这意味着欧盟开始放开对天然气产业的管制，逐步对大用户开放天然气市场，将输气管网运营与天然气贸易脱钩，实行相互独立管理。

2003年，欧盟颁布了《天然气内部市场通用规则》第二版（也称"第二号欧盟天然气指令"或"2003/55/EC"）[31]，规定2007年底前全面开放天然气市场，对长输管网、配气管网、LNG接收站的运营与天然气贸易在法律上进行拆分；对大型基础设施投资项目（长输管道、地下储气库、LNG接收和存储设施）可在一定时期内豁免第三方准入义务。欧盟各国对"第二号欧盟天然气指令"的执行情况差别较大。英国、荷兰等主要天然气生产国，对改革的态度更加积极，改革进程较快；而德国、法国等天然气进口国，考虑到供应安全问题，改革进程相对较慢。

2005年，欧盟电力和天然气监管组织发布了《储气库系统运营实行公开准入的指导原则》。2011年，欧盟能源监管委员会又对此指导原则进行了修订[32]。该原则旨在为未来欧洲储气市场的建立制定基本原则和监管政策，是欧洲储气业务发展的里程碑。

2007年9月，欧盟委员会提出立法建议，强制拆分大型能源企业的天然气供应与管输业务，将大型能源公司拆分成若干独立的、从事能源生产或者管道输送业务的单一公司。同时，给予第三方公平的管网准入条件，确保有效的服务，为消费者提供更多的选择。

在调查研究"第二号欧盟天然气指令"的实施效果和存在问题的基础上，经过两年多的磋商，欧盟于2009年7月13日颁布了《天然气内部市场通用规则》第三版（也称"第三号欧盟天然气指令"或"2009/73/EC指令"），以及与该指令配套实施的新版《天然气传输网络的准入条件》（也称"715/2009号条例"），并于 2009 年 9 月 3 日正式生效[31]。制定了一系列天然气管理规则，以创造一个竞争的、安全的、注重环保和可持续发展的天然气市场。上述指令和条例要求成员国在 2012 年 3 月 3 日之前对一体化企业控制的天然气生产及管输业务进行"有效拆分"，并提供了三种拆分模式供选择，分别是所有权、经营权和管理权拆分。同时要求各成员国的监管机构对储气库开放制定相应的准入条件，保证储气设施第三方准入的有效、透明和无歧视。

与"第二号欧盟天然气指令"要求输气管道、储气设施全部采取最激进、最彻底的拆分方式，进行所有权拆分相比，"第三号欧盟天然气指令"对"第二号欧盟天然气指令"中天然气生产与输气业务的规定进行了细化，妥协为管理权拆分[33]。2009 年及以后投产的输气管道、储气设施必须适用所有权拆分，申请到豁免权的除外；2009 年以前投产的输气管道、储气设施可以选择采用所有权、经营权和管理权三种拆分方式中的一种；允许天然气供应企业拥有输气管道、储气设施的非控制性的少数股权。

在欧盟储气库监管政策的逐步推进过程中，欧洲储气业务基本上已经与管输和配气业务分离，进行独立的商业运营。在实行公开准入的情况下，各国的监管部门要求储气库经营者做到以下四点：一是储气能力必须无歧视地向第三方开放；二是至少有一定比例的剩余储气能力进入一级交易市场进行交易；三是储气业务必须与输气、配气等业务在法律上、财务上和功能上进行分离；四是储气信息必须同时向所有的市场参与者公开。欧盟储气库的主要监管政策演变见表 1-8。

表 1-8　欧盟储气库的主要监管政策演变

政策及指令	政策要点
98/30/EC	要求管网、储气库及 LNG 接收站实行"第三方准入"
	自然垄断业务在一体化企业内要与其他业务进行财务分离
2003/55/EC	一体化企业完成管输（含储气）与销售的拆分
	2007 年 7 月之前向用户开放市场
2005 年储气公开准入指导原则	无法律约束力
	未来欧洲储气市场的基本原则和政策导向
2007 年 9 月立法建议	强制拆分大型能源企业的管输与销售业务，实行"第三方准入"
715/2009 监管条例及 2009/73/EC 指令	2012 年 3 月，储气与管输和配气在法律上分离
	各国监管机构对储气开放制定准入条件

法国、德国、意大利等国家仍鼓励油气公司实行一体化经营。如法国燃气公司在本国天然气中下游领域仍然处于绝对垄断地位，法国道达尔公司、意大利埃尼公司等也都在使用天然气上游的勘探开发和中下游管道运输及销售业务的一体化经营模式。不过，这些国家一般都按照欧盟的要求对相关法律法规作了修改，

确认了第三方准入的法律效力。在监管方面，欧盟委员会和各成员国政府的监督机构各司其职，日常监管仍以成员国为主。

（3）运营模式

欧盟 2009 年颁布的 2009/73/EC 指令要求天然气生产、长输、配送和贸易业务进行分离，长输和配送公司分别成为独立法人，并要求垂直一体化天然气公司进行业务拆分。在实践中，不少欧盟成员国的储气公司为维护其利益而选择经营管理权拆分模式，即通过对其关联公司和其他公司的差别对待以保障其生产、储备或贸易公司在市场上的原有份额，阻止第三方的进入，进而扭曲了市场竞争。因此，欧盟市场上真正的储气库业务大部分仍然掌握在原有垂直一体化公司的手中。

总体而言，欧盟几个主要储气大国的储气库基本运营管理模式是公司化运营。基本由大型能源公司、天然气公司、电力公司、管道公司或城市燃气公司掌控，其储气库子公司负责具体运营，相互之间储气业务分离，进行独立商业运营。还有小部分国家储气业务是由上游的气田开发公司运营管理，储气成本纳入整个气田的经营成本，没有独立核算，储气库的作用是优化生产，满足市场需求。

因此，在运营管理模式方面，欧盟多数国家的储气库运行管理正在由垂直一体化的建设管理模式，向以独立第三方建设管理为主的多种建设管理模式发展[34]。例如，意大利仍然还是上游天然气供应商主导储气库建设、运营管理；法国和英国已经形成天然气供应商、城市燃气公司、独立储气库运营商以及终端大用户合资建设等多种模式并存的格局。在投资回收方面，意大利、法国和英国均允许将储气库成本纳入管道气销售价格和独立收取储气费两种方式并存，因此，欧盟各个国家总体上也形成了以"独立仓储型"为主，"捆绑销售型"和"市场价差型"为辅的多元格局。

（4）定价模式

同美国相比，欧盟的天然气工业市场化竞争还不是很完善。欧洲储气库的定价机制有两种：一是协商定价；二是政府管制定价[35]。协商定价主要是在储气业务放开竞争的国家或地区采用。欧盟要求，在技术和经济上有必要展开竞争的地方，均应采用协商定价。如果储气服务处于垄断状态，则只能采用政府规定的储气库费率，两种定价机制的定价原则如表 1-9 所示。

表 1-9　两种定价机制的定价原则

定价机制	相应的定价原则
管制定价	①有效反映储气库发生的成本和合理的投资回报，及储气库地质特征 ②避免储气库用户之间的交叉补贴 ③提供储气库效率和利用率，促进储气库投资，满足用户需求 ④公开、透明，根据市场发展定期调整
协商定价	其定价原则是公平、公正，提高效率，促进储气库之间竞争，同时能有效激励储气库建设的投资

基于两种定价机制，欧盟在确定储气费率时，按照服务成本法和成本加成法制定。在政府管制定价的情况下，监管部门通常根据成本加合理利润确定储气费。欧洲大部分国家都选择了谈判确定储气费的方法[36-38]。而协商定价的基础是储气库的服务成本，监管部门要对储气费进行管制。不同的国家、不同的储气库公司在储气费的费用科目的设计上不完全相同，但是基本费用科目是一致的。储气费一般包括储气能力占用费和储气库使用费两大类科目。储气能力占用费是对储气库注入/采出流量和储气库容量的占用而支付的费用，一般包括注入/采出流量费和容量费；储气库使用费是实际注入和采出天然气需要支付的费用，一般包括注入费和采出费[39]。在协商定价的情况下，储气库公司为了保持价格的透明度，一般都会公布储气服务产品相对应的指导价格。指导价格只是作为协商的参考，运营商会根据情况的变化随时复核和调整储气费，具体执行价格是协商确定的价格。

　　储气库的价格受地域差异及储气库类型影响，不同价格机制导致各国储气库价格不同。一般欧盟管制定价的储气库价格低于协商定价，盐穴储气库的价格高于其他类型的储气库。

1.5　俄罗斯储气库

（1）基本情况

　　俄罗斯目前稳居世界第二大天然气生产国的地位，更是全球储备气量名列前茅的国家之一。俄罗斯的地下储气库设施不仅是俄罗斯统一供气系统的重要组成部分，更是确保供气稳定与连续的关键环节。在冬季严寒天气天然气用量暴增的时候，俄罗斯天然气工业股份公司使用地下储气库设施网络供应了20%～40%的天然气。

　　如图 1-5 所示，俄罗斯地下储气库建设始于 20 世纪 50 年代。1955—1958年，苏联对适合储气库的地质构造进行勘探，1958 年在萨拉托夫地区的叶尔尚斯基-库尔久姆油田选择了 4 口井进行注气试验，注气压力为 3.5MPa，基本达到了预期效果，并建立了国家第一座含水层型储气库 Kaluzhskoye 和枯竭油气藏型储气库 Amanakskoye[40]。20 世纪 60—70 年代是地下储气库建设快速发展期，储气库数量从 2 座增至 14 座，绝大部分是枯竭油气藏型。20 世纪 80 年代，苏联储气库建设进入平稳发展期。截至 2020 年 12 月 31 日，在俄罗斯境内，其天然气工业股份公司运营 27 个地质构造中的 24 个地下储气库，其中有 17 个地质构造是在枯竭油气藏中，8 个是在含水层中，2 个位于盐穴中。储气库设施工作

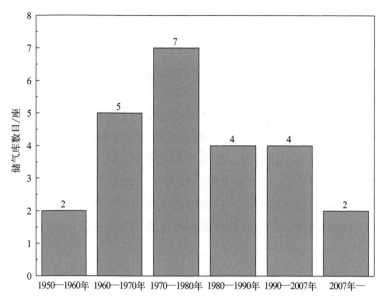

图 1-5　俄罗斯建立储气库时间段

气库存量为 750.7 亿 m³（不含战略储备），占天然气消费量的比重达到 18%。

俄罗斯地下储气库存在分布过于集中，且单座库容量大、出口导向性强、较美欧国家和地区发展相对迟缓。有别于美欧地下储气库的大小不一，俄罗斯的地下储气库规模普遍偏大，俄罗斯境内单座地下储气库规模之巨大，全球首屈一指。作为天然气出口国，俄罗斯主要在天然气出口管线附近部署大型地下储气库。这些地下储气库主要分布在两个区域：一是自北部的波罗的海向南到黑海沿岸，10 座储气库全部处于俄罗斯向欧洲出口天然气的 6 条输气管道附近；二是西西伯利亚南部的里海沿岸，12 座储气库全部处于俄罗斯向中亚出口天然气的主干管网及支线附近。

（2）运营模式

俄罗斯大部分地下储气库是在苏联时期由国家直接划拨投资建设的。苏联解体后，俄罗斯储气库全部由俄罗斯天然气工业股份公司（Gazprom，简称"俄气"）负责管理[41]。他们根据地理区域设立若干个天然气运输子公司，地下储气库原则上附属相应的天然气运输子公司[42]。2007 年，为了优化公司内部管理结构，俄气公司将旗下全部地下储气库项目进行整合，从天然气运输企业和天然气开采企业中剥离出来，成为俄气公司的独立子公司——天然气地下储存公司，负责地下储气库的运营管理。

俄气天然气地下储存公司目前的收入来源来自以下三方面：

① 为天然气拥有者提供地下储气库长期储气能力（工作气量份额）来获得

储气服务收益。

② 利用独立自由的地下储气库储气能力，为天然气拥有者提供天然气短期储存服务，即根据实际储气体积获得服务收益。

③ 提供注气/采气服务，来获得实际注采气量部分的收益。

（3）定价模式

俄罗斯的储气库费用按照地下储气库天然气储存费和注/采气费收取，根据注采气量按月支付，运营收费也类似于欧美其他国家的两部制。注气费和采气费是为了补偿地下储气库在注气和采气过程中的开支而征收的费用。地下储气库天然气储存费是单位储气费与储气库的工作气量的乘积，且储存费按月收取。因此，俄罗斯储气库定价模式是将地下储气库纳入管道气销售价内部进行核算的方式。

1.6 中国储气库

（1）基本情况

中国地下储气库起步相对较晚，初次尝试利用废弃气藏建设储气库是在 20 世纪 60 年代末。我国在大庆油田曾建造过两座枯竭油气藏类型的储气库，分别是 1969 年建成的萨尔图 1 号地下储气库和 1975 年建成的喇嘛甸地下储气库。萨尔图 1 号地下储气库的总库存为 3800 万 m^3，在运行 10 年后，因与市区扩大后的安全距离问题而被拆除。喇嘛甸地下储气库经两次扩建后，总库容达到 28 亿 m^3，在其安全运行的 30 年间，累计总采气量为 10 亿 m^3。这两座储气库是以平衡油田生产为目的建设的，是我国储气库建设的有益尝试[43]。

直到 20 世纪 90 年代初，我国开始真正投入地下储气库建设的技术研究。2000 年投入运行的天津大港油区大张坨储气库是国内第一座商业化运营储气库。随着陕甘宁大气田的发现和陕京天然气输气管线的建设，为了保证北京、天津两大城市的安全供气[44]，又利用枯竭的板 876、板中北等 4 座油气藏改进储气库，形成了包括 5 座储气库的天津板桥库群。随着国内天然气消费市场的迅猛扩张以及长输管道建设的快速发展，天然气季节用气峰谷差现象愈发显著，调峰保供的需求也变得越来越迫切。20 世纪 90 年代至 2008 年，随着陕京线、西气东输一线、二线等长输管线的开工建设，作为天然气长输管网配套工程的储气库建设也同步启动，中国石油化工集团有限公司（简称中国石油）相继建成了大港库群 6 座储气库。随着国民经济的发展、全球气候变化、大气治理环境保护等，中国国内天然气用气量急剧增长，国内储气设施调峰不足短板凸显。2009 年全国出现大面积"气荒"，引起国家能源管理等高层部门高度重视。中国石油和中国石油化工集团有限公司（简称中国石化）在新疆、西南、华北、大港、辽河等地区陆续建成了呼图壁、相国寺、卫 11 等枯竭油气藏型地下储气库[45]。为了有效缓解用气紧张局面，保障国家能源安全，自 2010 年起，中国石油、中国石化等单位全面加速了储气库的选址设计与工程建设工作。至此，中国地下储气库建设迎来了新的快速发展阶段。在 2012—2014 年间，河南文 96、新疆呼图壁、西南相国寺等 7 座库群共计 13 座储气库相继投入运营，为国家的能源战略储备与供应稳定提供了有力支撑。经过 20 年发展建设，截至 2021 年底，国内已经建立枯竭油气藏型地下储气库约 28 座，总工作气量为 214.7 亿 m³，将建成西北、中西部、东北、华北、西南、中东部六大储气中心。建成的枯竭油气藏型地下储气库具体为辽河双 6 储气库、大港库群（大张坨、板 876、板中北、板中南、板 808 和板 828 共六座储气库）、华北库群（京 58、永 22 和京 51 共三座储气库）、苏桥库群（苏 1、苏 4、苏 20、苏 49 和顾辛庄共五座储气库）、大港板南库群（白 6、白 8 和板 C1 共三座储气库）、长庆陕 224 储气库、新疆呼图壁储气库、重庆相国寺储气库、江苏刘庄储气库、文 96 储气库、文 23 储气库、卫 11 储气库、文 13 西储气库、永 21 储气库、孤西储气库[46]（图 1-6）。

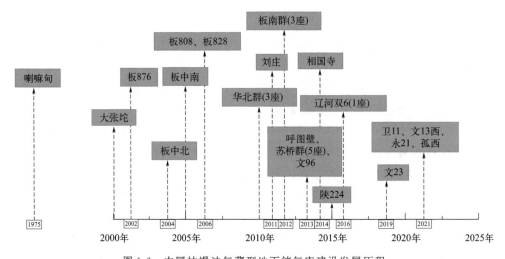

图 1-6 中国枯竭油气藏型地下储气库建设发展历程

国外储气库选址要求一般为埋藏浅、不含酸性气田、储层单一且孔渗条件好、构造简单、无断层等，埋深几乎都在 2500m 以内，80% 的储气库埋深在 2000m 以内，构造较完整，无断层或者极少断层，储层高孔、高渗（很多储层渗透率是达西级的）。然而中国主要以陆相含油气盆地为主，油气地质条件复杂[49]，多数储气库储层岩矿以砂岩为主，如辽河双 6 气层以含砾中粗砂岩、不等粒砂岩、粒状砂岩为主；新疆呼图壁岩性为棕褐色、灰褐色细砂岩、不等粒砂岩、粉砂岩等，岩石颗粒较细，以细砂级和粉砂级为主；文 96 储层岩性以长石石英粉砂岩为主等。而大港库群、华北库群、大港板南库群、长庆陕 224、相国寺等储气库储层含有 CO_2、H_2S 等酸性气体，增加了建设维护难度。江苏刘庄、文 23、文 13 西和永 21 等储气库遇到了开采时间长引起水分布复杂、储层断块破碎、油气层长期合采使油气关系复杂、剩余气分布不清、排水扩容难度大、达容周期长、上限压力确定难度大等问题。

(2) 监管政策

地下储气库是天然气产业链条中最重要的调峰手段和天然气整体供应体系的安全保障，其管理体制和机制的设计、完善及优化对于储气库未来高质量可持续发展具有重要作用。2014 年，国家先后出台了《油气管网设施公平开放监督办法（试行）》《天然气基础设施建设与运营管理办法》《国务院关于创新重点领域投融资机制鼓励社会投资的指导意见》等相关政策法规，明确支持民营企业、地方国有企业等参股建设油气管网主干线、沿海液化天然气接收站、地下储气库、城市配气管网和城市储气库等设施。规定在有剩余能力的情况下，油气管网设施运营企业应向第三方市场主体平等开放管网设施，按合同签订的先后次序公平、无歧视地向新增用户提供输送、储存、汽化、液化和压缩等服务。中国的油气管网设施市场化改革已经迈出了实质性步伐。

① 政策统计　目前，中国储气库产业尚处于发展初期。长期以来，我国包括地下储气库在内的储气设施一直与天然气长输管道系统一样，统一投资、建设及管理。2012 年 12 月 3 日，国家发展和改革委员会发布了《天然气发展"十二五"规划》，提出"目前储气能力建设已严重滞后，要根据全国天然气管网布局，加快建设储气设施，力争到'十二五'末，能保障天然气调峰应急需求。在长输管道沿线必须按照因地制宜、合理布局、明确重点、分步实施的原则配套建设储气库调峰设施"等规划要求。同时，根据地区地质、建库及建设条件，提出了"十二五"期间需要投资建设的储气库重点项目。2016 年 12 月，国家发展和改革委员会根据天然气发展"十二五"规划实施效果和现状，在《能源发展"十三五"规划》的基础上，印发了《天然气发展"十三五"规划》，提出要"加快储气设施建设，提高调峰储备能力"，部署"重点推动天然气储备调峰能力建设。围绕国内主要天然气消费区域，在已初步形成的京津冀、西北、西南、东北、长三角、中西部、中南、珠三角等八大储气基地的基础上，加大地下储气扩容改造和新建力度，逐步建立以储气库为主，气田调峰，压缩天然气（CNG）、LNG储备为辅，可中断用户调峰为补充的综合调峰系统，建立健全由供气方、输配企业及用户各自承担调峰储备义务的多层次储备体系，到 2020 年形成地下储气库工作气量 148 亿 m^3"。此外，还提出"加强需求侧管理，利用调峰气价、阶梯气价等价格手段，拓展可中断用户，激励各类用户参与调峰"。为了配合天然气发

展"十二五""十四五"规划的实施,党中央、国务院及有关政府部门陆续出台了储气库投资建设与运营管理的相关政策及管理办法,如表1-10所示[48-53]。

表1-10　"十二五"以来中国地下储气库投资建设与运营管理的主要政策文件

发布日期	政策文件名称	政策主要内容
2012-10-31	天然气利用政策（2012年）	①天然气用户分为城市燃气、工业燃料、天然气发电、天然气化工和其他用户;②综合考虑天然气利用的社会效益、环境效益和经济效益以及不同用户的用气特点等各方面因素,天然气用户分为优先类、允许类、限制类和禁止类;③完善价格机制;继续深化天然气价格改革,完善价格形成机制,加快理顺天然气价格与可替代能源比价关系;④建立并完善天然气上下游价格联动机制;⑤鼓励天然气用气量季节差异较大的地区,研究推行天然气季节差价和可中断气价等差别性气价政策,引导天然气合理消费,提高天然气利用效率;支持天然气贸易机制创新
2014-02-13	油气管网设施公平开放监管办法（试行）	油气管网设施(包括储油、储气设施)有剩余能力时,应向第三方市场主体平等开放管网设施
2014-04-01	天然气基础设施建设与运营管理办法	①健全财务制度,独立核算天然气基础设施运营业务,保证收入和成本核算真实准确;②建立国家天然气基础设施服务交易平台;③天然气基础设施运营企业需遵照价格管理相关规定,同时应与用户签订服务合同;④要求天然气销售企业建立天然气储备体系,承担调峰和应急调峰责任,2020年工作气量比例不应低于合同销售量的10%,同时城市燃气企业需承担和履行供需双方协商确定的日(小时)调峰责任
2014-04-05	关于加快推进储气设施建设的指导意见	①鼓励不同所有制经济体建设和运营储气设施;②增加对投资储气设施的企业的融资支持;③采用价格调节方式推动储气设施建设,推广施行可中断气价以及非居民用户季节性差价等相关政策,对峰谷差较大的地区先行实施政策以实现削峰填谷;④增加建设用地支持;⑤完善核准程序,提高核准效率;⑥延续现行大型储气库建设的鼓励支持政策,适时提高支持力度和扩大适用范围
2014-04-14	关于建立保障天然气稳定供应长效机制的若干意见	①研究出台支持储气设施建设的相关政策,支持各种市场主体平等地参与储气设施的投资、建设及运营;②根据补偿成本、合理收益的原则,确定独立经营储气设施的储气价格;③优先支持储气设施的建设用地;④同等条件下,优先增加有储气设施地区的相关供气
2014-06-07	能源发展战略行动计划（2014—2020年）	加快天然气储备能力和储气库建设,鼓励企业发展商用储备和参与调峰,提高储气规模和应急调峰能力

发布日期	政策文件名称	政策主要内容
2014-11-16	关于创新重点领域投融资机制鼓励社会投资的指导意见	①鼓励社会资本参与油气储存设施建设运营,支持民营企业、地方国有企业参股地下储气库建设;②采用天然气价格改革及财税优惠等多种方式促进地下储气库投资建设
2015-10-12	关于推进价格机制改革的若干意见	①尽快放开气源价格和销售价格;②建立主要由市场决定能源价格的机制
2016-10-09	天然气管道运输价格管理办法(试行)	①管输运营企业需分离管输与其他业务,目前达不到分离条件的企业应实现财务独立核算;②LNG接收站、储气库不属于管输企业的有效资产
2016-10-15	关于明确储气设施相关价格政策的通知	①应根据市场供需和服务成本,由供需双方协商确定储气价格;②应由市场决定储气环节的购进价格和销售价格;③支持城镇燃气企业参与储气设施投资和建设,在配气成本中允许考虑投资成本费用和合理收益
2017-05-21	深化石油天然气体制改革的若干意见	①建立健全政府、企业社会责任与生产经营库存相结合的油气储备体系;②进一步优化投资运营机制,政府加大储备设施投资力度,鼓励社会参与投资和运营;③建立天然气分级储备调峰机制和相关调峰政策;④落实政府、企业与用户的储备调峰责任,管道和供气企业是应急和季节调峰责任主体,地方政府协调落实日调峰责任主体,鼓励天然气产业链各环节供需双方在购销合同中对调峰供气责任予以约定
2017-07-04	加快推进天然气利用的意见	①中国地下储气库有效工作气量到2030年目标达到 $350 \times 10^8 m^3$;②创新商务模式,储气地质构造使用权放开,支持各方资本参与投资运营
2017-12-05	北方地区冬季清洁取暖规划(2017—2021年)	①建立储气调峰辅助服务市场机制,建立健全供气、用气双方共同承担调峰责任机制,2020年县级以上地区应急储气能力不低于本区域平均3天天然气需求量;②鼓励各种投资主体参与地下储气库投资建设,鼓励企业从第三方购买储气调峰服务和气量,用于落实储气调峰责任
2018-02-26	2018年能源工作指导意见	①建立健全多层次天然气储备体系,加大储气调峰设施投资建设,鼓励政府与企业共建储气设施,研究出台解决冬夏峰谷差的措施办法;②建立天然气储备制度,明确政府、企业及大用户的调峰责任,切实提高储气调峰能力
2018-04-26	关于加快储气设施建设和完善储气调峰辅助服务市场的意见	①构建储气调峰辅助服务市场机制,鼓励企业自建、合作、租赁、购买储气设施或购买储气服务及气量等,采取多种方式落实储气调峰责任;②坚持储气服务和调峰气量市场化定价,储气设施实行财务独立核算,鼓励成立专业化、独立的储气服务公司;③城镇燃气企业自建自用储气设施的投资成本费用和合理收益可在配气成本中加以考虑

发布日期	政策文件名称	政策主要内容
2018-05-16	关于统筹规划做好储气设施建设运行的通知	①鼓励自建、合资等多种方式参与储气设施投资建设,相关投资方储气能力考核指标可按投资比例分解;②鼓励以购买、租赁储气设施或购买储气服务及气量履行储气义务的方式;③对参与异地投资建设储气设施的天然气管网互联互通地区予以支持;④在保证安全和质量的条件下,依法依规简化已规划建设储气设施项目的核准和建设程序
2018-09-05	关于促进天然气协调稳定发展的若干意见	①2020年储气能力最低目标是"供气企业年合同销售量10%、城镇燃气企业年用量5%、各地区3天日均消费量";②推动削峰填谷,施行可中断气价、季节性差价等差别化价格策略,引导企业增强储气和淡旺季调节能力
2020-04-10	关于加快推进天然气储备能力建设的实施意见	①推行储气设施独立运营模式。地下储气设施原则上应实行独立核算、专业化管理、市场化运作。鼓励在运营的储气设施经营企业率先推行独立运营,实现储气价值显性化,形成典型示范效应;②健全投资回报价格机制。对于独立运营的储气设施,储气服务价格、天然气购进和销售价格均由市场形成;③完善终端销售价格疏导渠道。城镇燃气企业因采购储气设施天然气、租赁库容增加的成本,可通过天然气终端销售价格合理疏导
2021-4-22	2021年能源工作指导意见	①供应保障,天然气产量达到2025亿立方米左右;②推进天然气主干管网建设和互联互通,积极推进东北、华北、西南、西北等"百亿方"级储气库群建设,抓好2021年油气产供储销体系建设管道、地下储气库和LNG接收站等一批重大工程建设;③推动能源清洁高效利用,强化和完善能源消费总量和强度双控制度,合理分解能耗双控目标并严格目标责任落实
2022-1-29	"十四五"现代能源体系规划	①加强安全战略技术储备,做好煤制油气战略基地规划布局和管控,在统筹考虑环境承载能力等前提下,稳妥推进已列入规划项目有序实施,建立产能和技术储备;②统筹推进地下储气库、LNG接收站等储气设施建设。构建供气企业、国家管网、城镇燃气企业和地方政府四方协同履约新机制,推动各方落实储气责任;③提高管存调节能力、地下储气库采气调节能力和LNG气化外输调节能力,提升天然气管网保供季调峰水平,全面实行天然气购销合同管理,坚持合同化保供,加强供需市场调节,强化居民用气保障力度,优化天然气使用方向
2023-2-27	加快油气勘探开发与新能源融合发展行动方案	①统筹推进陆上油气勘探开发与风光发电;②增加油气商品供应,持续提升油气净贡献率和综合能源供应保障能力
2024-5-29	天然气利用管理办法	①天然气利用分优先类、限制类、禁止类和允许类;②加快天然气利用项目有关技术和装备自主化,鼓励应用先进工艺、技术和设备,加强液化天然气冷能利用;③提高天然气商品率,加强工业排放气回收,严控排空浪费

② 政策特点 回看"十二五""十三五"两个天然气发展五年规划，国家及有关政府部门在两个规划的研究、制定及实施过程中颁布的政策、法规及相关文件具有以下3个特点[54]。

a. 对各利益相关者的调峰责任和储气义务的认识更加合理。在"十二五"之初，受中国油气公司天然气产业一体化发展特点的影响，发展规划和相关政策对调峰责任和储气义务尚未明确界定。但随着油气体制深化改革，逐步明确了天然气管销业务分离的改革措施；2014年出台的政策明确了供气企业应建立天然气储备且工作气量2020年至少需达到年销售量的10%，但对城市燃气企业仅明确了其应当承担小时调峰责任，并未量化规定储气义务；随着认识不断深化和改革持续推进，2017年出台了"到2020年，县级以上地区至少形成不低于本行政区域平均3天需求量的应急储气能力"的有关规定；2018年9月，政策明确了"到2020年，供气企业形成不低于其年合同销售量10%、城镇燃气企业不低于其年用量5%及各地区保障本行政区域3天日均消费量的储气能力"等内容[55]。因此，目前天然气产业链利益相关者的储气义务与调峰责任已经十分清晰合理，余下的工作就是组织实施及达成目标。

b. 新时期储气库投资建设的主体更加多元化[56]。在"十二五"之初，由于天然气领域改革未启动实施，企业一体化生产经营造成储气库投资和建设的主体较为单一；2014年，提出了"鼓励各种所有制经济参与储气设施投资建设及运营""支持各类市场主体依法平等参与储气设施投资、建设及运营"，以及"鼓励社会资本参与油气储存设施建设运营，支持民营企业、地方国有企业等参股建设地下储气库"等要求；2017年，提出了"加大政府投资力度，鼓励社会资本参与储备设施投资运营"等相关要求；2018年，再次提出"加大储气调峰设施建设力度，建立多层次天然气储备体系，支持地方政府与企业合建储气服务设施"，并更加灵活地提出"支持企业通过自建合建、租赁购买储气设施，或者购买储气服务等手段履行储气责任""鼓励地方通过自建、合资、参股方式集中建设储气设施"，以及"支持通过购买、租赁储气设施或者购买储气服务等方式，履行储气责任"等。不断递进的政策变化说明政府已经意识到储气库投资和建设的主体应该越来越多元化，目标导向下的实现方式也更加灵活、机动。

c. 储气服务定价越来越市场化[57]。从最初政策文件对储气服务的价格机制缺乏认识和说明；到2014年的"出台价格调节手段引导储气设施建设，推行非居民用户季节性差价、可中断气价等政策，鼓励用气峰谷差大的地方率先实施"，以及"对独立经营的储气设施，按补偿成本、合理收益的原则确定储气价格"等；再到2015年提出的"建立完善季节性气价、峰谷气价以及储气价格实施办法"；以及2018年的"坚持储气服务和调峰气量市场化定价"内容；直至"十三五"规划提出了"加强需求侧管理，利用调峰气价、阶梯气价等价格手段，拓展可中断用户，激励各类用户参与调峰"等规划目标。可见，应借鉴国际上天然气产业发达国家的储气服务价格改革经验，结合中国天然气产业和储气业务的发展特点，解除气价管制和开展市场化定价是中国包括储气库在内的储气设施服务定价的改革方向及发展趋势。

（3）运营模式

① 国家管网下的储气库运营模式　现阶段，国家管网下属储气库公司属于传统储气库公司，即由管道设施运营企业设立的储气库子公司，是一体化储气库公司向独立储气库公司发展的中间过渡期公司类型。传统储气库公司只负责运营管理储气设施，以收取储气服务费作为主要收入来源，对储气库内除垫层气外的天然气资源没有所有权。目前国家管网全资拥有三个储气库公司——文23储气库、刘庄储气库、金坛储气库，分别由中原储气库有限责任公司和江苏储气库公司进行日常管理，均由储气库公司独立运营，财务进行独立核算。2021年4月，国家管网以文23储气库为试点开展容量竞拍，价格采用两部制，托运商按竞拍成交容量支付容量费、按实际注采量支付注采使用费，与之配套的注采路径及管容需单独申请，并与相关管道公司签管输协议、支付管输费。该模式向天然气市场释放了积极信号，验证了现阶段开展储气库市场化经营的可行性，同时也反映了天然气市场各参与主体的响应意愿。

② 其他储气库运营模式　其余20余座储气库主要由中国石油和中国石化投资建设，运营模式为一体化运营，储气库建设、运营及管理均由中国石油和中国石化负责，储气费纳入管输费中，与天然气输送捆绑经营。该种运营模式储气库一般是作为管道的附属设施存在，用于调峰供气、优化管网运行以及作为应急与战略储备。价格由国家统一管控，由天然气销售部门卖出天然气后，根据运行成本＋合理收入的原则，获取储气库利润。

参考文献

[1] 杨明清，吴佼翰，卞玮，等．俄罗斯地下储气库现状及未来发展［J］．石油钻采工艺，2018，40（05）：671-676.

[2] 张福强，曾平，周立坚，等．国内外地下储气库研究现状与应用展望［J］．中国煤炭地质，2021，33（10）：39-42，52.

[3] 苏展．全球地下储气库发展趋势研究及对我国储气调峰体系建设的启示［J］．质量与市场，2021（07）：143-145.

[4] 荷兰TTF天然气期货价格［EB/OL］．（2024-11-6）［2024-11-6］．https：//sc. macromicro. me/charts/56759/dutch-ttf-natural-gas-futures.

[5] Cornot-Gandolphe S. Underground gas storage in the world-2021status［R］．Rueil-Malmaison：

CEDIGAZ, 2020.

[6] 马新华, 窦立荣, 王红岩, 等. 天然气驱动可持续发展的未来——第 28 届世界天然气大会综述 [J]. 天然气工业, 2022, 42 (07): 1-6.

[7] EIA. 191 Field level storage data (Annual) [EB/OL]. (2020-11) [2024-05-08]. https://www. eia. gov/naturalgas/ngqs/#? report=RP7&year1=2020&year2=2020&company=Name.

[8] 潘楠. 美欧俄乌地下储气库现状及前景 [J]. 国际石油经济, 2016, 24 (07): 80-92.

[9] 马新华, 丁国生, 何刚, 等. 中国天然气地下储气库 [M]. 北京: 石油工业出版社, 2018.

[10] EIA. Natural Gas Underground Storage [EB/OL]. (2019-11-8) [2019-10-8]. https://at-las. eia. gov/datasets/eia: natural-gas-underground-storage-1/about.

[11] Finnoff D, Cramer C, Shaffer S. The financial and operational impacts of FERC order 636 on the interstate natural gas pipeline industry [J]. Journal of Regulatory Economics, 2004, 25 (3): 243-270.

[12] 李伟, 杨宇, 徐正斌, 等. 美国地下储气库建设及其思考 [J]. 天然气技术, 2010, 4 (06): 3-5, 77.

[13] 陆争光. 美国地下储气库发展现状及其启示 [J]. 中国石油和化工经济分析, 2016 (09): 43-46.

[14] 汪红, 姜学峰, 何春蕾, 等. 欧美天然气管理体制与运营模式及其对我国的启示 [J]. 国际石油经济, 2011, 19 (06): 25-30, 110-111.

[15] Schultz R A, Evans D J. Occurrence frequencies and uncertainties for US underground natural gas storage facilities by state [J]. Journal of Natural Gas Science and Engineering, 2020, 84: 103630.

[16] Lackey, Greg, Mumbi Mundia-Howe, et al. Underground natural gas storage facility operations and well leakage events in the United States [J]. Geoenergy Science and Engineering, 2024, 234: 212630.

[17] Federal Energy Regul atory Commission. Underground natural gas storage report [R/OL]. (2004-9-30). [2004-9-30] https://www. ferc. gov/sites/default/files/2020-05/Underground-NaturalGasStorageReport. pdf.

[18] 张祁, 张卫忠. 美国天然气行业发展的经验及启示 [J]. 国际石油经济, 2009, 17 (06): 22-25, 95.

[19] 苏欣, 张琳, 李岳. 国内外地下储气库现状及发展趋势 [J]. 天然气与石油, 2007 (04): 1-4, 7, 66.

[20] 郑得文, 赵堂玉, 张刚雄, 等. 欧美地下储气库运营管理模式的启示 [J]. 天然气工业, 2015, 35 (11): 97-101.

[21] 孟浩. 美国储气库管理现状及启示 [J]. 中外能源, 2015, 20 (01): 18-24.

[22] Federal Energy Regul atory Commission. Underground natural gas storage report [R/OL]. (2004-9-30). [2004-9-30] https://www. ferc. gov/sites/default/files/2020-05/Underground-NaturalGasStorageReport. pdf.

[23] 尹虎琛, 陈军斌, 兰义飞, 等. 北美典型储气库的技术发展现状与启示 [J]. 油气储运, 2013, 32 (08): 814-817.

[24] 谢茂. 美国天然气产业发展的经验与启示 [J]. 国际石油经济, 2015, 23 (06): 30-36, 110.

[25] 马胜利, 韩飞. 国外天然气储备状况及经验分析 [J]. 天然气工业, 2010, 30 (08): 62-66,

117-118.

[26] CER. Market snapshot：where does Canada store natural gas？［EB/OL］. （2021-1-29）［2021-1-29］. https：//www. cer-rec. gc. ca/en/data-analysis/energy-markets/market-snapshots/2018/market-snap-shot-where-does-canada-store-natural-gas. html.

[27] CER. Market Snapshot：End of winter update - natural gas inventories and production are high entering the spring season. ［EB/OL］. （2024-5-29）［2024-5-29］. https：//www. cer-rec. gc. ca/en/data-analysis/energy-markets/market-snapshots/2024/market-snapshot-end-winter-update-natural-gas-inventories-production-are-high-entering-spring-season. html.

[28] 国际燃气联盟主席李雅兰：完整的市场化机制是最高效的资源配置方式［EB/OL］. （2024-9-27）［2024-9-27］. https：//finance. sina. com. cn/money/future/roll/2024-09-27/doc-incqqytr1007313. shtml.

[29] 言九 . 2023 年全球及中国地下储气库行业现状，需加快储气库向数字化转型、智能化发展［EB/OL］. （2023-7-17）［2023-7-17］. https：//www. huaon. com/channel/trend/911452. html.

[30] GIE. GIE Storage Database ［EB/OL］. （2021-7-14）［2024-05-08］.

[31] 吕淼 . 欧洲天然气管网基础设施运营与监管［J］. 能源，2019（09）：66-71.

[32] 康燕 . 国外储气设施运营模式经验及启示［J］. 煤气与热力，2022，42（01）：43-46.

[33] 蒋奇，黄绪春，夏启明 . 欧盟第三阶段天然气市场自由化改革及其对俄欧天然气合作的影响［J］. 国际石油经济，2011，19（09）：29-35，109.

[34] 刘烨，何刚，杨莉娜，等 . "十四五"期间我国储气库建设面临的挑战及对策建议［J］. 石油规划设计，2020，31（06）：9-13，62.

[35] 段言志，史宇峰，何润民，等 . 欧洲天然气交易市场的特点与启示［J］. 天然气工业，2015，35（05）：116-123.

[36] 周军，梁光川，杜培恩，等 . 欧洲天然气储气库概况与运营模式［J］. 油气储运，2017，36（07）：759-768.

[37] 褚庆福，吴杰，徐博 . 欧美地下储气库管理体制及对我国的启示［J］. 物流技术，2015，34（06）：94-97.

[38] 刘毅军，李艳丽 . 欧盟天然气产业链结构改革后管输管理新模式［J］. 油气储运，2015，34（01）：1-7，14.

[39] 李博 . 欧盟天然气市场化进程及启示［J］. 天然气工业，2015，35（05）：124-130.

[40] Gazprom. 50th Anniversary of underground gas storage in Russia ［R］. Moscow：Gazprom，2010.

[41] Gazprom. Growth at Scale ［R］. Moscow：Gazprom，2020.

[42] 李洁，肖远文 . 俄罗斯地下储气库运营情况及与我国现状的对比［J］. 科技展望，2014（13）：133.

[43] 汤林，刘科慧，班兴安，等 . 储气库地面工程［M］. 北京：石油工业出版社，2020.

[44] 曾大乾，张广权，张俊法，等 . 中石化地下储气库建设成就与发展展望［J］. 天然气工业，2021，41（09）：125-134.

[45] 丁国生，丁一宸，李洋，等 . 碳中和战略下的中国地下储气库发展前景［J］. 油气储运，2022，41（01）：1-9.

[46] 蔺丽爽 . 库容100亿方，华北最大地下储气库群建成投产［EB/OL］. （2021-10-18）［2024-5-18］. https：//baijiahao. baidu. com/s？id=1713953220372728474&wfr=spider&for=pc.

[47] 丁国生，魏欢 . 中国地下储气库建设 20 年回顾与展望 [J]. 油气储运，2020，39（01）：25-31.

[48] 徐东，唐国强 . 中国储气库投资建设与运营管理的政策沿革及研究进展 [J]. 油气储运，2020，39（05）：481-491.

[49] 沈鑫，陈进殿，魏传博，等 . 欧美天然气调峰储备体系发展经验及启示 [J]. 国际石油经济，2017，25（03）：43-52.

[50] 魏欢，田静，李波，等 . 中国天然气储气调峰方式研究 [J]. 天然气工业，2016，36（08）：145-150.

[51] 粟科华，李伟，辛静，等 . 管网独立后我国储气库公司的经营策略探讨 [J]. 天然气工业，2019，39（09）：132-139.

[52] 王震，任晓航，杨耀辉，等 . 考虑价格随机波动和季节效应的地下储气库价值模型 [J]. 天然气工业，2017，37（01）：145-152.

[53] 陈新松，孙哲 . 提高中国天然气储备能力的政策法规途径 [J]. 天然气工业，2020，40（02）：159-164.

[54] 陆争光，皮礼仕，曹栋梁，等 . 分阶段推进我国地下储气库发展的探讨 [J]. 天然气技术与经济，2017，11（01）：1-4，81.

[55] 胡奥林，何春蕾，史宇峰，等 . 我国地下储气库价格机制研究 [J]. 天然气工业，2010，30（09）：91-96，129.

[56] 王秀锦，王贺余 . 对储气库项目经济评价的探析 [J]. 河北工业科技，2011，28（03）：191-194，215.

[57] 姚莉，肖君，吴清，等 . 地下储气库运营管理及成本分析 [J]. 天然气技术与经济，2016，10（06）：50-54，83.

2

地下储气库事故统计与分析

2.1 储气库失效原因

相比于中国，欧美国家地下储气库发展历史悠久，历史上记录到了众多的储气库失效案例。在公开的 67 起有详细细节的地下储气库事故报告中，涉事地点包括西欧和北美的地下储气库，附录 B 中记载了部分事故的细节以及可能的原因、解决方法等信息。

对上述将储气库事故按照国家和储气库类型进行分类，可以发现事故的发生时间最早的在 1953 年，最近的在 2024 年，其中 20 起发生在枯竭油气藏型，26 起发生在盐穴型，16 起发生在含水层型，5 起发生在废弃矿坑型储气库中。由于各地区储气库事故公开数据较少，且未有系统统计结果，故根据王者超等[1] 在 2019 年对于地下储气库发展现状与安全事故原因进行统计分析结果，可以得到全球各种类型地下储气库事故发生数量以及原因，如表 2-1 所示。

表 2-1　发生在不同类型储气库事故数量及原因 [1]

原因	地下储气库类型					
	枯竭油气藏型	含水层型	盐穴型	废弃矿坑型	其他	总计
钻井/套管/密封塞等与钻井相关的破损	60	8	110	—	1	179
阀门/管道/井口等地面设施缺陷	3	4	7	—	2	16
井口压力损失	—	—	4	—	—	4
设计施工缺陷	7	16	95	5	—	125
超压/过量存储等导致的运行失效	9	1	15	3	—	28
静水压力过低/储气库埋设过浅等导致的运行失效	—	1	—	2	—	3

原因	地下储气库类型					
	枯竭油气藏型	含水层型	盐穴型	废弃矿坑型	其他	总计
储压过低/盐岩蠕变导致的运行失效	—	—	9	—	—	9
浸出/洞室间连通/洞顶坍塌引起的运行失效	—	—	14	—	—	14
裂隙/蠕变/溶解引起的储气库失效	—	—	90	—	—	90
不经意的外部干扰	—	2	—	—	—	2
维修/测试/维护引起的泄漏	2	2	2	—	—	6
非钻井引发的气体泄漏	11	13	1	5	1	31
密封性不足或盐岩厚度不足引起的盖层失效	3	13	2	4	—	22
裂隙或断层引起的盖层失效	4	5	—	3	—	12
竖井	—	—	—	1	—	3
岩层沉陷	—	—	2	1	—	3
地震	1	—	—	—	—	1
原因不明	4	1	7	1	1	14

由表 2-1 可知,地下储气库事故致因十分复杂,盐穴型储气库事故发生的次数最多;由于枯竭油气藏型储气库使用了相当数量的改造过钻井,在各种事故根源中,钻井损坏引发的事故次数最多;建设时含水层型储气库地质资料信息较其他两种类型少,因此设计施工方案缺陷、盖层和非钻井泄漏事故次数较多。统计结果显示钻井/套管/密封塞等与钻井相关的破损、设计和施工缺陷、裂隙/蠕变/溶解引起的储气库失效是引发安全事故的主要原因。

在 2016 年加州 Aliso 峡谷储气库泄漏事故之后,美国天然气协会(AGA)[2]、美国石油协会(API)和美国州际天然气协会(INGAA)合作对全美储气库运营商展开了调查,随后发布了一份白皮书,该文件中指出,在所有储气库事故中,约 35% 与储存井干预措施(如测试、维护或相关工作)有关,38% 为井下泄漏,13% 与设计或制造缺陷有关,10% 归因于井口或集气管线问题,4% 来源不明。这表明引起储气库事故的原因中,与井相关的问题仍然占据了最大的比例,与上述王者超等的研究结果一致。

枯竭油气藏型地下储气库的失效风险因素可分为 12 个大类、32 个小类,其与时间的相关性如表 2-2 所示[3]。

图 2-1 显示了所调查到的事故在时间上的分布,所有事故按照原因被分成四

表 2-2　枯竭油气藏型地下储气库的风险因素分类及其与时间的相关性 [3]

序号	与时间关系	大类名称	小类名称
1	依赖时间	外腐蚀	外腐蚀
2		内腐蚀	内腐蚀
3		细菌腐蚀	细菌腐蚀
4		应力腐蚀	应力腐蚀
5		机械疲劳、振动	压力波动金属疲劳
6	稳定不变	制造缺陷	管体缺陷
			管焊缝缺陷
			井口装置缺陷
			环焊缝缺陷
7		焊接、施工缺陷	施工缺陷
			螺纹、接头缺陷
			管内壁皱褶变形
8		设备缺陷	O形垫圈失效
			控制(泄放)阀失效
			固井水泥、封隔器或套管失效
			密封失效
			气体脱水处理装置换热器失效
			气体脱水处理装置冷却器失效
			压缩机组失效
9		地质构造缺陷	断层
			废弃井
10	与时间无关	误操作	注气量超负荷
			运行压力超高
			维护操作失误
11		第三方、机械破坏	第三方活动造成的破坏
			管材的延滞失效
			人为故意破坏
12		气候、外力作用	极端温度(如寒流)
			狂风(裹挟岩屑)
			暴雨、洪水
			雷电
			大地运动、地震

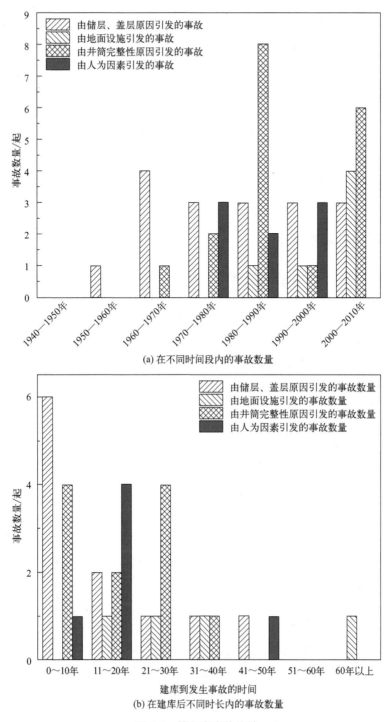

(a) 在不同时间段内的事故数量

(b) 在建库后不同时长内的事故数量

图 2-1 储气库事故统计

类。从图 2-1（a）中可以看出：在 1980—1990 年，由井筒完整性原因引发的事故数量出现了峰值，在随后的 1990—2000 年期间又降低到很低的水平。这说明自 20 世纪 80 年代以来，人们意识到了储气库井筒的重要性，同时由于技术的进步，储气库井筒的维护水平得到了提高，事故发生率得以降低。同时由图 2-1（b）可以看出，对于由储/盖层原因、人为原因和井筒完整性原因引发的事故，在时间分布上高发于储气库建成后的前 30 年，而由地面设施引发的事故在储气库的各运行时期数量大致保持平稳，这表明由地面设施的问题带来的储气库事故更可能是偶然性的事件。

2.2 储气库失效概率

对于所有储气库的总体失效概率，欧洲天然气工业技术协会（Marcogaz）[4]于 2000 年发布的研究报告中显示：

① 地下储气库每年地面设施导致发生重大事故的概率为 0.006。

② 地下储气库每年井的问题导致的事故发生概率为 5×10^{-5}。

③ 地下储气库每年井的问题导致人员重伤的事故发生概率为 1×10^{-5}。

俄亥俄州环境委员会（Ohio Environmental Council）于 2006 年发布的一份报告中指出，运行的储气库每年其甲烷意外释放的概率为 $1 \times 10^{-4} \sim 1 \times 10^{-6}$，这一数字只与美国的储气库相关，并非全球范围内的统计结果。

Richard 等[5]在 2020 年使用贝叶斯统计方法对美国地下烃类储存设施的事故发生率进行了分析，研究表明对于美国的三种主要类型的储存设施（枯竭油气藏型、含水层型、盐穴型），事故发生概率通常在两个数量级的范围内，即 10^{-3} 到 10^{-1}，盐穴储存的可变性更大。枯竭油气库的严重和灾难性事故出现概率降低到 10^{-4} 到 10^{-2}。在地下，与井筒完整性丧失相关的泄漏发生的概率高于与地下储层完整性丧失相关的泄漏发生概率。此外，储存气体到达地面的泄漏事故更多地与井筒完整性的丧失有关。

同时，为验证储气库事故发生率和其运行时间的关联性，其统计了所调查到的所有储气库事故在建库后不同时间段的数量占比，统计结果如图 2-2 所示。

由图 2-2 可见：总体而言，发生在前 30 年的事故要多于发生在建库 30 年以后的事故；在储气库建库 20 年以内发生的事故占到了所调查到的储气库事故数量的 50% 以上。

将调查到的事故数量细化至以 5 年为一个时间段，结果如图 2-3 所示。可以看出：储气库建库后的最初的五年是事故的高发期。通常来讲，某种设备或系统

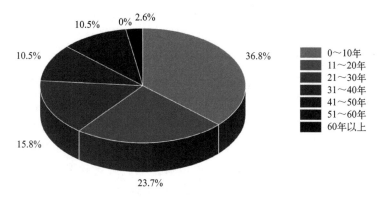

图 2-2　在储气库建库后不同时间段内的事故数量占比

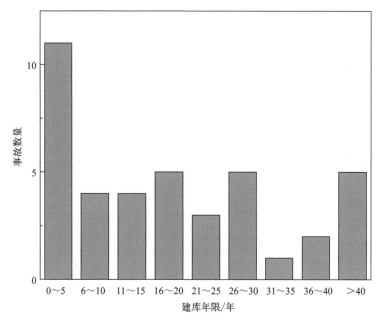

图 2-3　储气库建库后各段时期内的事故数量分布

的故障在时间上的分布应当符合"浴盆曲线"，也就是在其投入使用的初期和接近使用寿命的末期会是事故高发期。但是就调查到的所有事故而言，在时间上的分布并没有体现出理想的"浴盆曲线"规律。推测可能的原因有以下两点：

① 目前国内外对储气库的使用寿命尚无权威的研究文献或者标准（可以确定的是目前使用时间最长的储气库其运行年限已经达到 60 年以上），因此现阶段也无法定义储气库运行多长时间后进入其寿命末期，这造成了图 2-1 的统计结果的后半段曲线未呈现出理想的浴盆形状；

② 调查到的储气库事故数量不足，也就是统计的样本太少，从而不足以体现出"浴盆曲线"统计规律。

2.3 储气库失效后果

储气库的储存介质具有易燃易爆、易扩散渗透以及具有毒性等特点。气体在地下的泄漏通常只会造成经济损失而不涉及人员伤亡；而气体在地表的泄漏带来的后果往往更具有致命性。例如，在 2015—2016 年的 Aliso 峡谷储气库泄漏事故中，持续 5 个月的泄漏总共向空气中释放了约 10.9 万 t 的甲烷，造成该地区约 7000 名群众被迫疏散。泄漏事故虽然没有因形成火灾和爆炸而直接造成人员的死伤，但是据 Conley 等[6] 对泄漏气体的采样研究表明：泄漏气体中除管输天然气的成分外，还检测到了苯、甲苯、乙苯和二甲苯异构体的存在。这造成此次事故中影响人群受到了广泛而持续的健康危害，带来的健康问题从头痛、恶心到癌症，严重性各不相同。最终受此次事故影响的 35000 名群众得到了总共 18 亿美元的赔偿。

通常将储气库事故的后果分为 8 个等级，从 1 到 8 级事故后果严重程度逐步递增。最轻微的 1 级事故不涉及泄漏和任何真正的危害，而最严重的 8 级事故被定义为涉及大量人员受伤或疏散，或者造成人员死亡的事件，详情如表 2-3 所示。

表 2-3　地下燃料储存事故后果的严重等级

等级	严重程度	描述
1	无关紧要	易于纠正或修复的操作问题，不涉及产品泄漏、火灾/爆炸/井喷、伤害、疏散人员、死亡或导致财务损失
2	轻微的	包括轻微/小泄漏及地表泄漏、已整改或修复的洞穴不稳定性、蒸气闪爆，但没有实际经济损失、火灾/爆炸/井喷、伤害、疏散人员或死亡
3	中等(1)	包括地下泄漏的重大损失，但不涉及地面泄漏及导致经济损失，没有火灾/爆炸/井喷、受伤、疏散或死亡
4	中等(2)	包括重大的操作问题(关闭洞穴或盐穴顶部盐层的损失)或由于地下泄漏造成的重大损失，例如气体从水井或管道泄漏至地表，导致经济损失、火灾/爆炸/井喷，但没有造成人员受伤、疏散或死亡
5	重大的	包括重大泄漏/损失和地面释放，并导致火灾/爆炸/井喷，少数人受伤(1~5人)，但没有人员撤离、死亡或严重的财产损失
6	严重的	主要涉及气体的地表释放、火灾/爆炸/井喷、更多的受伤/重伤(5~10人)、撤离人员(<50人)和/或严重的财产损失，但没有死亡
7	较严重的	主要涉及通过井或地面管道的大规模地面释放，并产生火灾/爆炸/井喷、大量撤离人员(50~500人)、大量受伤/严重伤害(10~15人)和/或重大财产损失，但没有死亡
8	灾难的	主要涉及通过井或地面管道的破坏性地表泄漏、火灾/爆炸/爆裂、爆炸坑、死亡、大量受伤(>15人)和/或撤离人员(>500人)以及重大财产损失

在四种类型的储气库中，8 个等级的事故各自所占比例的统计结果如图 2-4
所示。

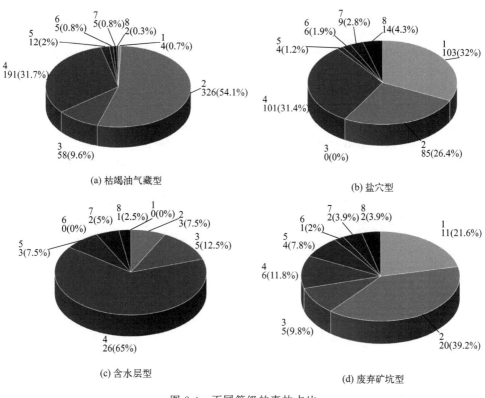

图 2-4　不同等级的事故占比

(图中数字，上面一行为等级，下面一行为数量，括号中为占比)

可以看出：废弃矿坑型、盐穴型储气库的 7、8 级事故占比比枯竭油气藏型
储气库大，枯竭油气藏型储气库中前四类事故在所有事故中所占比例高达约
96%。这表明枯竭油气藏型储气库的风险更低。

储气库事故发生时，其后果往往具有连锁效应，导致事故升级，这是因为储
气库上方具有复杂的与储气库配套的其他基础设施（注采管道、过滤器、压缩机
等）。例如发生在美国密西西比州 Petal 地下储气库（储存介质为丙烷）的事故：
首先是丙烷从地表泄漏并发生爆炸，产生了一个炸坑并使得储气库上方的丙烷输
送管道破裂，丙烷管道的破裂本身就构成了一起重大事故；随后有几辆液化石油
气槽车和一辆汽油槽车翻进爆炸坑内，进一步加剧了火灾。最终这起事故导致
14 人烧伤，约 200 人被疏散。

参考文献

[1] 王者超，李崴，刘杰，等．地下储气库发展现状与安全事故原因综述 [J]．隧道与地下工程灾害防治，2019，1 (02)：49-58.

[2] Joint Industry Task Force (American Petroleum Institute A G A，And Interstate Natural Gas Association of America)．Underground natural gas storage：Integrity and safe operations [R]．Washington，D. C，2016.

[3] 谢丽华，张宏，李鹤林．枯竭油气藏型地下储气库事故分析及风险识别 [J]．天然气工业，2009，29 (11)：116-9，50.

[4] Joffre G H L P A. Database for major accidents on underground gas storage facilities [R]．Marcogaz Report DES ST-GHJ/TLA-2000，2002.

[5] A. R S，J. D E. Occurrence frequencies and uncertainties for US underground natural gas storage facilities by state [J]．Journal of Natural Gas Science and Engineering，2020：103630.

[6] Conley S，Franco G，Faloona I，et al. Methane emissions from the 2015 Aliso Canyon blowout in Los Angeles，CA [J]．SCIENCE，2016，351 (6279)：1317-1320.

3

储气库全生命周期完整性管理
及评价标准

3.1 储气库完整性管理的提出与发展

断裂力学是 20 世纪 50 年代开始发展起来的固体力学的新分支。从 1957 年 GR-Irwin 提出应力强度因子开始,断裂力学作为一门学科的时间并不长[1]。20 世纪 70 年代末到 80 年代初,随着断裂力学的发展,国际上提出结构完整性的概念。对结构完整性的管理,已经应用于高科技学科的可靠性分析,比如航空船舶[2]、核工业、炼化管道和压力容器、大型焊接结构、油气输送管道[3] 等工业领域。

在油气储运行业,国外油气管道安全评价与完整性管理始于 20 世纪 70 年代的美国;到 90 年代初期,美国的许多管道都已应用完整性技术进行维护。随后加拿大、墨西哥等国家在 90 年代加入管道完整性管理技术的开发与应用[4]。美国机械工程师学会(ASME)发布了 ASME B31.8S《输气管道完整性管理》等标准,美国石油学会(API)发布了 API 1160《液体管道完整性管理》等标准。管道完整性的含义可以概况为:①管道始终处于受控状态;②管道在物理上和功能上是完整的;③管道运营商不断采取行动防止管道事故发生;④管道完整性与管道的设计、施工、运行、维护、检修和管理的各个过程密切相关。

油气井完整性管理起源于 20 世纪 70 年代[5]。英国石油(BP)公司早在 1977 年便开始了对油气井完整性管理的探索,到 2000 年更是设立了专门的工程师岗位,旨在全面承担油气井完整性管理的职责,并将其理念融入油气井的各个发展阶段。2004 年,挪威国家石油标准化组织在国际上率先发布了具有里程碑意义的油气井完整性标准——NORSOK Standard D-010 Well Integrity in Drilling and Well Operations,为油气井完整性管理提供了标准化的指导[5]。总的来说,油气井的完整性管理可分为:①围绕管理开发井建设和运营问题的技术解决方案,例如,开发新的检验日志、水泥、材料、设备和技术;②对事故和相关风险进行统计，并基于发生频率对风险进行评估；③井压监测和评估以及井口维护；④根据油气藏开发建立开发模型，以确保整个油气田开发和生产寿命期间井的完整性[6]。

自 20 世纪 70 年代起，地下储气库事故频发，地下储气库的全生命周期完整性管理已成为保证其长期安全高效运行的重要环节，其完整性管理在国际上备受关注和重视。

20 世纪 90 年代，美国率先开展了针对盐穴型储气库的风险评价研究[7]；进入 21 世纪，哥伦比亚公司于 2001 年开始使用风险评价方法评估储气库井的完整性状况，进一步优化资产完整性管理[7]；到了 2015 年，美国石油学会发布了 API RP 1171《枯竭油气藏型和含水层型天然气储气库功能完整性》和 API RP 1170《盐穴型天然气储气库设计与运行》两项重要标准。储气库作为一个复杂系统，由储层、注采井和地面设施三个关键模块组成，所以其完整性管理并不仅限于地面设施和井，还包括储层地质体。具体来说，储气库的完整性管理应涵盖以下几个方面：①要确保地质体、注采井、地面工程设施等各个单元在物理和功能上的完整性，即它们应当能够正常发挥各自的功能；②储气库在其设计、建设、注采运行和废弃等全生命周期内都应处于受控状态，在每个阶段都应受到严格的监控和管理，以确保其安全性和稳定性；③运营商需持续采取技术、操作和组织管理措施，以防止天然气泄漏事故的发生，并确保储气库在设计寿命期内能够正常运行，避免全库报废的风险[9]。

3.2　储气库不同对象的完整性管理体系

储气库的完整性管理体系主要包括储层地质体、注采井、地面设施等完整性管理体系。

3.2.1　储气库地质体完整性管理体系

储层完整性是指储层的状态能够保证天然气安全储存[10]。储气库地质体完整性管理，主要是指气库密封性管理，其贯穿于气库的设计、钻井、试气和运行全生命周期，核心是在各阶段都必须监测评估气库的密封性，设计合理的运行方案、管理制度和施工技术措施，确保气库封闭性，防止因气库封闭性遭到破坏导致气体外溢[11]。为确定和证实储气库地质体的完整性，需要开展以下工作：①圈闭有效性评价，圈闭是指油气聚集形成的油气藏构造，关系到储气库的建设和是否有利于注入天然气的保存；②盖层完整性评价，具有储气密封能力的盖层将保持储气安全、经济和有效运行；③断层稳定性评价；④储层稳定性评价，是指在多周期交变应力注采生命周期内，改造成储气库的储层在多大程度上能保持储层结构和渗流性能稳定，不被破坏，从而保证持续稳定的供气[12]。

地质体完整性管理工作要求贯穿储气库全生命周期，注采运行期间要求加强监测，跟踪对比压力、气质变化情况，分析监测效果，实时评估风险，制定防控措施，保证储气库安全平稳运行[13]。

3.2.2 储气库注采井完整性管理体系

储气库注采井完整性管理流程从风险评估开始，评估包括数据收集、危险和威胁识别、发生可能性估计和后果严重性确定，制订预防、缓解和监控的措施，降低注采井损害的可能性[14]。储气库注采井完整性管理首先应依据储气库的运行特点，建立相应的完整性管理文件，以储气库注采井的风险识别，完整性监测、检测与评估为重点。储气库注采井的完整性管理技术体系可以帮助运营者协调井完整性管理、能源可靠性、健康和环境风险之间的关系。

3.2.3 储气库地面设施完整性管理体系

储气库地面设施的完整性管理涵盖了管道完整性和站场完整性两大核心部分。对地面设施实施有效的完整性管理不仅能够显著降低管线事故的发生频率，更能避免不必要的、无计划的管道维修与更换工作。这样的管理方式不仅能够带来显著的经济效益，通过减少维修成本和避免生产中断，实现成本的节约和效益的提升；同时，它还能带来巨大的社会效益，通过提高系统运行的可靠性和安全性，保障公众的生活和生产的正常进行，维护社会稳定和环境保护。因此，对储气库地面设施实施完整性管理，是保障储气库安全、高效运行的重要措施。

(1) 管道完整性管理

管道完整性管理工作流程（如图 3-1 所示）主要包括数据采集、高后果区分析、风险评价、完整性评价、维护维修、效能评价六个步骤。围绕着管道完整性管理方案，进而进行剩余寿命评估，进入设计、采购、施工、运营与维护生命周期阶段，管理要素穿插其中。管道风险评估包括定性、半定量和定量风险评估方法。管道的完整性评价包括管道本体的适用性评价、防腐涂层的有效性评价以及与地震和其他地质灾害相关的风险评价[15]。此外，还有直接缺陷评估、防腐层评估、管道泄漏检测等流程。

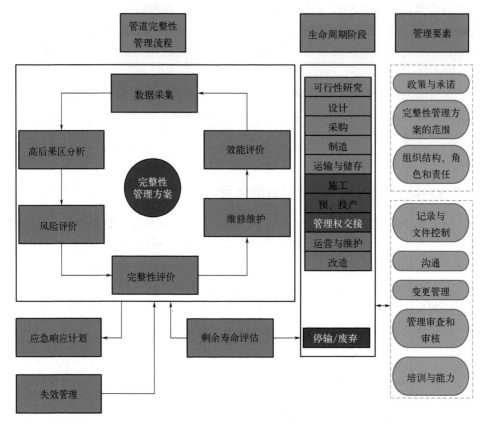

图 3-1 管道完整性管理流程图

（2）站场完整性管理

针对集注站站内设备承担功能的不同，将站场设备分为静设备（压力容器和站内管道）、动设备（机泵、压缩机和阀门等）和安全仪表系统（站控系统、井安系统、紧急截断阀系统等），开展不同类型的风险评价。

站场完整性管理的主要核心技术为基于风险的管理，系统化的以风险为基础的技术方法是确定场站风险及使其最优化的有效管理工具。通过风险评价，确定站内各设备的风险状况，制订基于风险的检验、维护和测试计划并实施，达到最终降低运营风险的目的[16]。站场潜在的失效原因包括设备风险、人员误操作风险、管道风险等，运用定量风险评价（QRA）、安全仪表系统分级（SIL）、基于风险的检验（RBI）、风险评估矩阵（RAM）等评价技术，结合国内外技术标准、技术规程和相关规定，通过设备、腐蚀和管道检测，对管道和设备进行评价，在此基础上对设备管道进行维修。在整个过程中建立站场数据库，并通过效能评估不断完善场站完整性管理体系。

3.3 枯竭油气藏型地下储气库完整性管理体系

枯竭油气藏型地下储气库的建库地质条件复杂，埋藏深度大、物性差、压力与温度交替变化，其安全要求相比油气田更高。因此，枯竭油气藏型储气库应从设计、建设、运行、废弃、封堵等全生命周期考虑完整性。

3.3.1 设计完整性标准

(1) 储层地质体完整性标准

根据中国石油的企业标准 Q/SY 01636—2019《气藏型储气库建库地质及气藏工程设计技术规范》，为确定和证实气藏型储气库储层完整性，需开展以下工作：储层表征、盖层和断层完整性检测、库存井底压力测试、观测井检测以及圈闭逸出监测、已钻井井筒密封监测、物质平衡分析等。对可追溯的、可核查的和完整的储气资产数据进行可访问式管理，以用于定期监管检查。

(2) 管柱设计完整性

根据 SY/T 7370—2017《地下储气库注采管柱选用与设计推荐做法》，储气库注采管柱设计应综合考虑温度、压力、流量等参数的变化而引起的载荷交变，不仅要进行管柱结构强度设计，更应进行管柱密封设计。

(3) 地面设施完整性

枯竭油气藏型储气库地面设施完整性管理包括注采管道完整性管理和站场完整性管理。

根据 SY/T 6848—2023《地下储气库设计规范》，注采管道完整性管理的核心在于风险评价、基于风险的检验以及完整性评价。其中，风险评价涵盖了定性、半定量和定量等多种方法，用以全面评估管道面临的风险。完整性评价主要着重于对管道本体适用性的考量、防腐涂层的有效性验证，以及地震和地质灾害等潜在风险的评估。而管道的完整性检测，作为实施完整性管理的基础，其方法多种多样。常见的包括压力检测，用于检测管道在特定压力下的表现；外检测，主要通过声学检测、射线、电位检查和磁法检查等手段，对管道外部状况进行细致勘查；内检测则主要依赖于管内智能检测器，对管道内部状况进行精准检测。此外，为了更全面地保障管道的安全运行，还会采用缺陷直接评估、防腐层评价以及管道泄漏检测等专项技术，确保管道的完整性和安全性得到全面保障。

根据 Q/SY 01183.3—2020《油气藏型储气库运行管理规范 第 3 部分：储气库地面设施生产运行管理》，站场完整性管理的首要任务是深入分析站场管理的特性，进而建立一套全面覆盖主要设备设施的场站完整性管理文件。该文件将成为站场管理的基石，为后续的各项工作提供指导。在风险识别环节，需重点关注设备设施、人员误操作以及工艺管线的潜在风险，确保无一遗漏。随后，运用场站风险管理的专业技术方法，如 RBI、基于可靠性的维护（RCM）以及 SIL 等，对识别出的风险进行科学的分级和排序。这一步骤有助于准确判断不同风险的严重程度，为后续的风险预防和控制提供依据。根据风险分级结果，确定设备设施、管线的维护周期和时间，确保维护工作的及时性和有效性。在维护周期内，对场站设备设施进行检测、完整性评估，及时发现潜在问题并采取相应的维护维修措施。在整个管理过程中，还应建立站场基础数据库，确保数据与管理的各个环节紧密相连。这些均有助于管理者更加精准地掌握站场运行状况，为决策提供有力支持。

3.3.2 建设完整性标准

（1）固井设计

根据 SY/T 7451—2019《枯竭型气藏储气库钻井技术规范》，生产套管及盖层段固井应采用韧性水泥浆体系。对于地层承压能力低且封固段长的井，宜采用低密度高强度水泥浆体系。需要根据地层的承压能力、地层孔隙压力、水泥浆封固段长度确定水泥浆密度，一般情况下水泥浆密度应至少比同井使用的钻井液密度高 $0.1 \sim 0.2 \mathrm{g/cm^3}$。

（2）套管、固井工具及附件

根据 SY/T 7451—2019，生套管材质应结合油气藏流体性质、外来气体性质和注采工艺进行选择。生产套管及上一层技术套管应选用气密封螺纹，套管附件机械参数、螺纹密封等性能应与套管相匹配。套管柱强度设计应考虑储气库长期变交应力的影响，采用等安全系数法进行设计和三轴应力校核。

（3）固井准备

根据 SY/T 7451—2019，下套管前应根据固井设计要求做地层承压试验，满足下套管、固井施工预计压力的要求，否则进行堵封作业。油井水泥每批次都要抽查，检验合格后方可使用。现场大样复查试验后，超过 48h 应进行二次大样复查试验。

（4）下套管及固井施工

根据 SY/T 7451—2019，为保证气密螺纹的气密性能，应采用对扣器进行气密封套管内外螺纹对接，使用带有扭矩控制仪的套管液压钳进行上扣。盖层段技术套管及生产套管应逐根进行螺纹气密性现场检测，检测压力不应低于储气库最大运行压力的 1.1 倍，但不应超过套管抗内压强度的 80%。

3.3.3 运行完整性标准

(1) 储气库监测

我国储气库监测体系主要包括圈闭密封性监测、井筒动态监测、内部运行动态监测和地面设施监测四大方面。

根据 Q/SY 01636—2019，储气库监测主要对地下储气库建设过程中、投产运行后实施系统化、动态化的监测，准确地获取储气库各阶段各项动静态资料，为储气库建设和优化运行提供第一手资料，以保障安全平稳运行。若利用老井作为监测井，应在老井评估基础上提出具体井号；若利用新钻井作为监测井，应在井网部署方案中提出具体井位。

(2) 储气库井完整性检测与评价技术

国际上普遍认为基于风险分析的完整性管理是储气库安全管理的有效手段。井筒完整性管理是储气库完整性管理的核心和关键技术。因此，为保证储气库的安全运行，有必要开展储气库井筒完整性管理研究。

根据挪威 NORSOK Standard D-010 标准，对可能使储气库井完整性失效的主要威胁因素进行检测，对储气库井的适应性进行评估，保证安全、经济地运行，是储气库井完整性评价要解决的主要问题。该标准中规定的储气库井井筒完整性评价流程如图 3-2 所示。

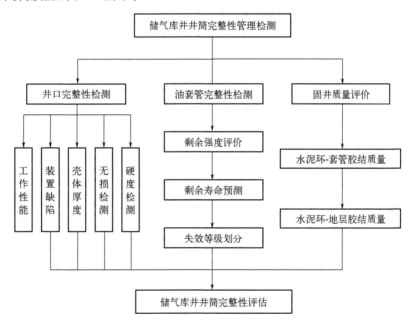

图 3-2 储气库井井筒完整性评价流程

（3）注采井失效治理补救措施

枯竭油气藏型储气库大多是由已枯竭或接近枯竭的油气藏建设而成，这类油气藏经过长时间开发，老井众多。由于使用时间长、套管腐蚀磨损、射孔等因素的影响，套管强度和固井水泥胶结质量等均有不同程度的下降，井极易出现管内漏气、管外跑气和层间串气事故，导致环空带压，严重威胁天然气地下储气库的安全运行。环空示意图如图 3-3 所示。

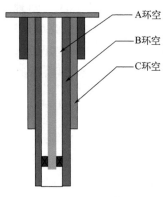

图 3-3　环空示意图

环空压力是井筒完整性评价最直接的指标参数。如果环空压力绝对值异常或短期内上升较快，并经过多次泄压、恢复后仍超出正常值，则证明井筒完整性已出现问题，应采取应对措施或启动紧急预案。目前国际上公认的管理环空压力的推荐标准是 API RP 90。该标准中规定，根据气井井深结构和油套管的钢级，计算出各环空的最大允许井口压力（MAWOP），并将改值设为环空压力正常值最大值。为确保安全，取 MAWOP 的 80％为环空压力的最大值上限；若环空压力绝对值高于 MAWOP 的 80％且经多次泄压、恢复仍上升至泄压前水平，则证明井筒完整性出现问题。

对出现环空带压密封失效的注采井，建议采取如下治理补救程序：①进行压力卸放/恢复测试 24h 诊断，根据具体失效原因进行治理、补救或大修；②确定需要治理、补救或大修的井，要针对该井建造、维修和检测评价相关资料进行研究分析再制定修缮计划；③对于不需要修井补救的也需要采取适合的治理办法。

3.3.4　老井及储层废弃依据

中国石油的《油气藏型储气库钻完井技术要求（试行）》（油勘〔2012〕32号文件）[17] 中提到不能满足以下三个条件的老井及储层将进行废弃：①储气层及顶部以上盖层段水泥环连续优质胶结段长度不少于 25m，且以上固井段合格胶结段长度不小于 70%；②按实测套管壁厚进行套管柱强度校核，校核结果应满足实际运行工况要求；③生产套管应采用清水介质进行试压，试压至储气库井口运行上限压力的 1.1 倍，30min 压降不大于 0.5MPa 为合格。

加拿大 CSA Z341 Series-18 标准中提到可对储气库井套管进行多次压力测试，测试压力为井口处测得的最大工作压力的 1.1 倍，但不大于套管任何一点的最小屈服压力的 100%，若出现漏气泄压则废弃。

欧盟 BS EN 1918-2：2016 标准中提到如果井的状态可能危及储层，应采取补救措施；如有必要，此类井应予以堵塞和废弃。

美国 API PR 1171 标准提到为了防止产气层气体窜气和渗透，需要废弃储层和井口。

张平等[18] 提到储气库废弃井钻井完井情况有以下特点：完成时间长，使用年限已达 24～28 年，井况条件复杂，井筒存在变形、破裂和有落物等情况，射孔层居多，层间距离短，存在窜气隐患。

黎洪珍等[19] 提到枯竭油气藏老井井筒的不完整性（使用年限长，套管腐蚀变形，采用 D40、C75 低钢级薄壁钢，抗压、抗挤强度低。固井质量不合格，水泥返高不够，套管为非气密封套管，技术套管和油层套管环空窜气等）和复杂的地质构造，破坏了枯竭油气藏的封闭性。

熊建嘉等[13] 提到不能满足以下条件的老井进行废弃流程，如图 3-4 所示：①油层套管固井质量及试压，油层套管固井质量合格率不小于 70%，固井试压至套管抗内压强度 80%，30min 压降不大于 0.5MPa；②B、C 环空是否带压或窜气，B 环空是指油层套管与技术套管之间的环形空间，C 环空是技术套管与表层套管之间的环形空间；③盖层是否有连续 25m 优质段，储气层及顶部以上

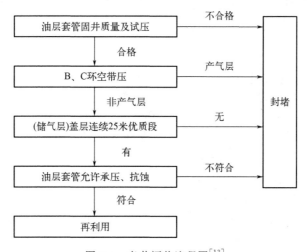

图 3-4　老井评价流程图[13]

300m 层段水泥环连续优质胶结段长度不少于 25m；④油层套管腐蚀状况及材质的适应性和剩余允许承压能力，老井油层套管是否还能满足储气库安全注采30～50 年的运行要求，应结合储气库设计注采工况，考察其腐蚀情况、剩余强度以及材质的适应性。

霍进等[16] 提到：①通过井规初步判断套管的变形程度，与套管尺寸相配套的标准通井规下入困难、需要用梨形涨管器进行通井的老井，判定为套管质量达不到再利用井的要求；②用清水试压至储气库设计最大运行压力，30min 压降不大于 0.5MPa，对套管密封性进行检测，若试压不合格，判定为套管质量达不到再利用井的要求；③声波-变密度固井质量测井（CBL-VDL）＋伽马-伽马测厚测井，结合 FCAST 测井对固井质量进行评价，储气层顶部以上盖层段水泥环连续优质胶结段长度应不少于 25m，且以上固井段良好以上胶结段长度不小于 70%，不满足要求的井则判定固井质量达不到再利用井的要求；④FCAST 测井评价套管腐蚀、破损、变形情况，定位套管破损位置，套管破损不予利用；⑤自然伽马＋中子伽马测井，补偿中子测井判断储层以上是否有次生气聚集，如检测到有气体聚集则不能作为生产井并使用。

付锁堂等[11] 提到老井评价方法：①腐蚀检测评价，EMDS 电磁探伤和 MIT＋MTT 测井技术是目前腐蚀测井中较为实用的；②固井质量检测评价，需要立足水泥环胶结测井资料，同时结合固井施工记录和工程判别结果等进行综合评定。

董范等[20] 提到老井评价流程：①高灵敏度井温测井判断井下是否存在套管漏失及套管外窜流；②自然伽马＋中子伽马测井判断盖层以上是否有次生气的聚集；③声波-变密度固井质量测井评估盖层固井质量；④试压评估套管密封性；⑤电磁探伤＋40 臂井径测井进一步评价套管质量；⑥高灵敏度井温＋噪声测井，自然伽马＋中子伽马测井，检测套管外是否有窜气现象。

3.3.5　老井废弃封堵流程

《油气藏型储气库钻完井技术要求（试行）》[17] 中废弃封堵注意事项：

①应根据检测和评价的老井井筒状况及储气层岩性特征，选择相应的封堵工艺。②水泥塞应封隔储库层和井眼，防止储气层内天然气渗透，储气层段应采用相应封堵材料进行挤封，挤封压力应不超过地层破裂压力。③使用水泥封堵要求储气层顶界以上管内连续水泥塞长度应不小于 300m。若本井储气层顶界以上环空水泥返高大于 200m，且储气层顶界盖层段以上连续优质水泥胶结段大于 25m，可直接下入桥塞封堵并注入连续灰塞；若储气层顶界以上环空水泥返高小于 200m 或连续优质水泥胶结段小于 25m，应对储气层顶界以上盖层段进行套管

锻铣，锻铣长度不小于 40m，锻铣后推荐对相应井段扩眼，注入连续灰塞。④若老井钻穿了储气层以下渗透地层，应对以下渗透地层及隔层采取封堵措施，防止天然气下窜或下部地层流体上窜。⑤对于井内存在井下落鱼的事故井或井下有斜向器的侧钻井，必须采取相应措施实施封堵。⑥封堵水泥应满足如下性能指标要求：水泥浆游离液控制为 0，滤失量控制在 50mL 以内，沉降稳定性试验的水泥石柱上下密度差应小于 0.02g/cm^3，水泥石气体渗透率应小于 $0.05 \times 10^{-3} \mu m^2$，水泥石 24～48 小时抗压强度应不小于 14MPa。⑦老井封堵完成后，应安装简易井口、压力表，定期检查井口带压情况。

加拿大 CSA Z341 Series-18 标准中封堵步骤为：①井下设备的拆除；②现有储存区和井筒与其他区域隔离；③水泥材质塞堵浇筑；④在地面密封井。

欧盟 BS EN 1918-2：2016 标准中废弃封堵步骤为：①从储气库中提取可回收气体；②堵井、弃井；③拆除地面设施；④对井口进行监控。

美国 API PR 1171 标准提到可以使用水泥塞和机械塞对储层进行隔离。

SY/T 6646—2017《废弃井及长停井处置指南》中提到封堵方法包含储气层以下井段封堵、储气层封堵和储气层以上井段封堵。

中国石化的企业标准 Q/SH 0653—2015《废弃井封井处置规范》中提到：①高压气井封井时，封固位置须包括气层、窜漏位置、水泥返高位置、井筒完整性的薄弱点（尾管悬挂器顶部、分级箍等位置）以及井口等位置。封井施工要在压稳气层后进行，水泥塞封堵井段要大于待封堵层位顶界 200m 以上，井口水泥塞的长度不少于 100m。②气层的封堵时，高风险等级的井口带压天然气井，应对气层射孔位置及气层进行挤注封堵，封堵半径应超过钻井井眼半径的 3 倍。③环空带压井封堵时，封堵技术套管或表层套管井口带压或井口冒泡的天然气井前，应先对井口气样进行取样分析，确定窜漏位置，采取相应措施对窜漏井段进行挤注封堵。天然气井产层应采用防气窜水泥浆进行封堵。

董范等[16] 提到了封堵工艺：产层封堵；盖层加固；产层以上井段封堵；防腐措施。

付锁堂等[11] 在书中提到井废弃封堵的步骤：①井筒预处理；②试挤注；③高分子聚合物封堵储层裂缝远端；④候凝，测试吸收能力；⑤超细水泥挤注封堵储层；⑥候凝，钻塞试压。

李治等[21] 提到封堵方式：采用地板封堵、储层封堵、盖层封堵、井筒封堵进行储气库老井封堵。其中，储层挤注封堵可以从源头上切断流体泄漏的通道，是储气库老井封堵的关键步骤。采用超细水泥配套带压候凝工艺，可以实现封堵储层的目的。"逐级封堵，逐级试压检测"的过程控制工艺，保障了老井封堵的施工质量。

黎洪珍等[19] 提到老井封堵的技术方案：①固化水堵漏；②注水泥浆封堵产

层；③固井质量、套管腐蚀状况检测（套管段铣）；④注水泥塞＋桥塞封堵。老井封堵重点是产层和井筒，主要采用暂堵技术、套管段铣技术，然后实施产层和井筒封堵。

张刚雄等[22] 提到综合运用注水泥塞、桥塞、重晶石及锻铣等技术完成封堵。

熊建嘉等[13] 提到：①储气层封堵技术。若储气层渗透性好，应先使用暂堵剂进行暂堵后进行注塞；若储气库渗透性较差，甚至不发微小渗漏，可考虑超细水泥直接进行挤注塞施工。②井筒封堵技术。G 级常规水泥封堵技术；桥塞封堵技术。

霍进等[16] 提到封堵井分类：第一种是直接锻铣封堵井，第二种是不锻铣封堵井。封井工艺：储气层封堵采用超细水泥浆体系进行封堵，挤封压力不超过20MPa，挤封后试压 15MPa；储气层顶界以上封堵。

3.4 枯竭油气藏型地下储气库完整性评价标准

储气库完整性管理是指识别和评价所有影响储气库地质体、注采井和地面设施三大完整性的风险因素，并通过技术手段和管理措施将储气库中运行的天然气的泄漏水平控制在可接受范围内。在国际管道研究协会（PRCI）地下储气库委员会发布的研究指南中，储气库完整性管理体系主要包括油套管完整性、固井水泥环完整性和库存完整性。我国也同样重视储气库完整性管理，将储层地质体、井筒、地面设施的完整性作为储气库完整性管理体系的主要内容。接下来对于完整性评价标准调研也主要针对以上几个方面。

3.4.1 国外完整性评价标准

目前，美国、加拿大、俄罗斯、欧盟等国家和国际组织已经制定了较为完善的枯竭油气藏型储气库系列标准（见表 3-1），涵盖储气库建设运营的选址、设计、建设、运行、监测、维护及废弃全过程。总的来说，技术已经相对成熟。

美国 API RP 1171《枯竭油气藏型和含水层型天然气储气库的功能完整性》标准，就枯竭油气藏型储气库的功能完整性方面提供了建议，包括储气库的建设、维护、运行和风险管理。此外，由美国管道和危险物品安全管理局（PHM-SA）发布的 ADB-2016-02《天然气地下储存设施的安全运行》建议如下：地下储气库运营商应审查其运营情况、维护和应急响应措施，以确保地下储气设施的完整性，采取一切必要措施防止和减轻地下管道的完整性损坏、泄漏和故障带来的危害，从而确保公众、运营商和环境安全。

表 3-1 国外气藏型储气库完整性管理标准

序号	国家	标准编号	标准名称
1	美国	ADB-2016-02	*Safe Operations of Underground Storage Facilities for Natural Gas* 《天然气地下储存设施的安全运行》
2		API 1160-2019	*Managing System Integrity for Hazardous Liquid Pipelines* 《液体管道完整性管理》
3		API RP 90-1-2021	*Annular Casing Pressure Management for Offshore Wells* 《海上油井环形套管压力管理》
4		API RP 1171-2022	*Functional Integrity of Natural Gas Storage in Depleted Hydrocarbon Reservoirs and Aquifer Reservoirs* 《枯竭油气藏型和含水层型天然气储气库功能完整性》
5		API RP 1170-2022	*Design and Operation of Solutionmined Salt Caverns Used for Natural Gas Storage* 《盐穴型天然气储气库设计与运行》
6	俄罗斯	GOST R 57817-2017	*Underground Gas Storages. Design Standards* 《地下储气库 设计标准》
7		GOST R 53239-2008	*Underground Storages of Hydrocarbons. Monitoring Rules for Construction and Operation* 《碳氢化合物地下储存 施工和运行监控规则》
8		STO GAZPROM NTP 1.8-001-2004	*Technical Design of Gas Production Facilities and Stations in Underground Gas Storage* 《地下储气库采气设施及站场技术设计》
9		STO GAZPROM 2-2.3-145-2007	*Instructions for Technical Diagnostics of UGS Wells* 《UGS 井技术诊断说明》
10	加拿大	CSA Z341 Series-2022	*Storage Of Hydrocarbons in Underground Formations* 《地下地层中碳氢化合物的储存》
11	欧盟	BS EN 1918-2:2016	*Gas Infrastructure—Underground Gas Storage Part 2: Functional Recommendations for Storage in Oil and Gas Fields* 《天然气基础设施——地下储气库 第2部分：油气田储存的功能性推荐规范》
12		BS EN 1918-5:2016	*Gas Infrastructure—Underground Gas Storage Part 5: Functional Recommendations for Surface Facilities* 《天然气基础设施——地下储气库 第5部分：地面设施的功能性推荐规范》

序号	国家	标准编号	标准名称
13	挪威	NORSOK Standard D-010:2021	*Well Integrity in Drilling and Well Operations*《钻井和井作业中的井完整性》
14	国际标准	API Spec 5CT-2023	*Specification for Casing and Tubing*《套管和油管规范》
15		ASME B1.5-1997（R2014）	*ACME Screw Threads*《ACME 螺纹》
16		ASME B16.5-2020	*Pipe Flanges and Flanged Fittings*《管法兰和法兰管件（NPS 1/2～NPS 24 米制/英制标准）》
17		ANSI/API Spec 6A-2018	*Specification for Wellhead and Christmas Tree Equipment*《井口装置和采油树设备规范》

俄罗斯储气库标准主要为 GOST R 57817-2017《地下储气库 设计标准》、GOST R 53239-2008《碳氢化合物地下储存 施工和运行监控规则》与 STO GAZPROM NTP 1.8-001-2004《地下储气库采气设施及站场技术设计》，涵盖了设计及维护油气藏地层烃类气体地下储存设施的要求和运营期间的监测规则。

加拿大 CSA Z341 Series-2022《地下地层中碳氢化合物的储存》标准涵盖了多种类型储气库的设计、建造、运行、维护、废弃和安全等方面的最低要求。其中第一部分规定了枯竭型储层储气设施的相关内容。它描述了应用范围、材料选择、完井和老井利用的要求；地下储存设施的选址、设计和开发；储存空间的开发建设、操作和维护、监测及测量、安全、填充和报废。该标准主要针对储存设施的地下部分，而地面设施不是该标准的重点。

欧盟 EN 1918：2016 系列标准为关于储气库全生命周期的推荐规范，分为 5 个部分，其中 BS EN 1918-2：2016、BS EN 1918-5：2016，涵盖枯竭油气藏型储气库地下设施在设计、施工、测试和调试、运行、监测、维护、废弃等方面通用的一般原则和功能性建议。

挪威 NORSOK Standard D-010：2021 标准提出了枯竭油气藏型储气库井筒完整性管理与评价的概念，介绍了其主要内容及井筒完整性评价流程。

与储气设施相关的国际标准有：ANSI/API Spec 6A-2018《井口装置和采油树设备规范》、API Spec 5CT—2023《套管和油管规范》、ASME B1.5-1997（R2014）《ACME 螺纹》和 ASME B16.5-2020《管法兰和法兰管件（NPS 1/2～NPS 24 米制/英制标准）》等。

3.4.2 国内完整性评价标准

（1）国内已发布储气库完整性评价标准

相较于国外百年历史，国内储气库建设起步相对较晚。我国于 2006 年发布第一项储气库技术标准，截至目前已发布 34 项。枯竭油气藏型储气库根据改造前油气藏类型不同可分为油藏型和气藏型。我国目前已建成的储气库类型主要为油气藏型和盐穴型两类。因此，国内已发布标准按储气库类型划分，油气藏型 25 项（表 3-2）、盐穴型 9 项；按专业划分，地质气藏 8 项、钻完井工程 10 项、注采工程 6 项、地面工程 6 项、质量安全环保 4 项（图 3-5）。其中行业标准在发布标准中占比 28%，企业标准占比 72%。可见，业界已出台的油气藏型储气库完整性管理标准，基本涵盖储气库全专业和业务链，但尚未形成系统的标准体系。

表 3-2　行业已发布气藏型储气库完整性管理标准

序号	性质	标准编号	标准名称	代替标准号
1	石油天然气行业标准	SY/T 6645—2019	油气藏型地下储气库注采井完井工程设计编写规范	代替 SY/T 6645—2006
2	石油天然气行业标准	SY/T 6756—2009	油气藏改建地下储气库注采井修井作业规范	
3	石油天然气行业标准	SY/T 6848—2023	地下储气库设计规范	代替 SY/T 6848—2012
4	石油天然气行业标准	SY/T 7370—2017	地下储气库注采管柱选用与设计推荐做法	
5	石油天然气行业标准	SY/T 6805—2017	油气藏型地下储气库安全技术规程	代替 SY/T 6805—2010
6	石油天然气行业标准	SY/T 6638—2012	天然气输送管道和地下储气库工程设计节能技术规范	代替 SY/T 6638—2005
7	石油天然气行业标准	SY/T 7451—2019	枯竭型气藏储气库钻井技术规范	
8	中国石油企业标准	Q/SY 195.1—2007	地下储气库天然气损耗计算方法　第 1 部分:气藏型	
9	中国石油企业标准	Q/SY 1486—2012	地下储气库套管柱安全评价方法	
10	中国石油企业标准	Q/SY 1561—2013	枯竭型气藏储气库钻完井技术规范	

序号	性质	标准编号	标准名称	代替标准号
11	中国石油企业标准	Q/SY 1703—2014	地下储气库套管技术条件	
12	中国石油企业标准	Q/SY 01009—2016	油气藏型储气库注采井钻完井验收规范	
13	中国石油企业标准	Q/SY 06305.5—2016	油气储运工程工艺设计规范 第5部分:地下储气库	
14	中国石油企业标准	Q/SY 06307.2—2016	油气储运工程总图设计规范 第2部分:地下储气库	
15	中国石油企业标准	Q/SY 01012—2017	油气藏型地下储气库注采完井设计规范	
16	中国石油企业标准	Q/SY 05486—2017	地下储气库套管柱安全评价方法	
17	中国石油企业标准	Q/SY 08124.21—2017	石油企业现场安全检查规范 第21部分:地下储气库站场	
18	中国石油企业标准	Q/SY 01021—2018	砂岩气藏型储气库库容参数设计方法	
19	中国石油企业标准	Q/SY 01022—2018	气藏型储气库动态监测资料录取规范	
20	中国石油企业标准	Q/SY 01636—2019	气藏型储气库建库地质及气藏工程设计技术规范	代替Q/SY 1636—2013
21	中国石油企业标准	Q/SY 1270—2019	油气藏型地下储气库废弃井封堵技术规范	代替Q/SY 1270—2010
22	中国石油企业标准	Q/SY 01183.1—2020	油气藏型储气库运行管理规范 第1部分:储气库气藏管理	代替Q/SY 1183.1—2009
23	中国石油企业标准	Q/SY 01183.2—2020	油气藏型储气库运行管理规范 第2部分:井运行管理	代替Q/SY 1183.2—2014
24	中国石油企业标准	Q/SY 01183.3—2020	油气藏型储气库运行管理规范 第3部分:储气库地面设施生产运行管理	代替Q/SY 1183.3—2010
25	中国石油企业标准	Q/SY 06306—2022	油气储运工程地下储气库自控仪表设计规范	代替Q/SY 06306—2016

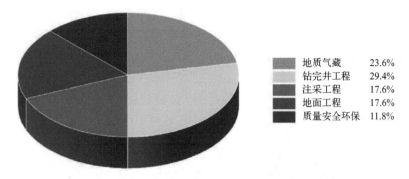

图 3-5 国内已发布气藏型储气库完整性管理标准统计（按专业划分）

地质气藏	23.6%
钻完井工程	29.4%
注采工程	17.6%
地面工程	17.6%
质量安全环保	11.8%

随着国内储气库业务的发展，我国已形成 5 大关键核心技术，包括储气库选址评价与建库地质设计技术、超低压地层交变载荷工况钻完井技术、高压大规模储气库地面核心技术与装备、风险评价与控制关键技术和层状盐岩建库高效造腔关键技术。储气库企业管理逐步规范化，例如中国石油已制定储气库初步设计、注采方案设计、地面设计、信息化管理等指导性文件，编制气藏型和盐穴型储气库内部暂行技术管理规定 75 项。储气库技术标准制修订工作有序开展，2016 年以来，已形成和修订储气库行业标准 3 项，中国石油企业标准 15 项。从已发布的现有储气库系列标准来看，中国石油企业标准占多数，而行业标准所占比较小，目前国内还未发布与储气库相关的国家标准。

（2）国内储气库评价标准体系发展建设

标准体系建设的目标是以储气库业务发展规划为指导，围绕建设运行关键技术，构建一套先进、系统、科学、实用的标准体系。为了推进标准体系的建立，中国石油已于 2018 年立项形成了储气库技术标准体系顶层设计。目前已发布的储气库技术标准与该顶层设计仍存在一定差距，有待进一步完善。

自 20 世纪末国内储气库启动建设以来，最初主体技术主要基于气藏开发经验，经过多年的建设运行与实践，在我国复杂地质条件下储气库总体技术架构初步形成，主体技术系列基本清晰，但具体分支技术和标准规范尚未配套，仍需加强研究。同时国内储气库库址资源贫乏，与市场存在东西差异，气藏型库址主要分布在中西部地区。

2018 年 9 月，中国石油组织完成了"储气库项目设计、建设与管理技术标准汇编"，填补了国内储气库建设和管理规范的空白，为我国储气库技术标准体系奠定了基础。此后，中国石油立项研究"储气库技术标准体系"，并征求中国石化、中国海油及相关单位的意见，形成了储气库技术标准体系顶层设计。

从顶层设计角度看，储气库技术标准体系应包括选址与方案论证、工程设计、建设施工、生产运营、废弃处理五个专业方向，迄今为止设计了 52 个标准。其中选址与方案论证 10 项、工程设计 14 项、建设施工 7 项、生产运营 20 项、废弃处理 1 项，如图 3-6 所示。到 2020 年，该项目针对储气库术语、储气库选址评价推荐做法、气藏型储气库容参数设计方法、盐穴型储气库地面工程设计规范等 15 个标准进行了研究工作。

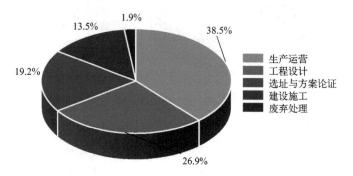

图 3-6　储气库技术标准体系的顶层设计（按专业划分）

3.4.3　国内外完整性评价标准比较

各国枯竭油气藏型储气库完整性评价标准数量比较见图 3-7。

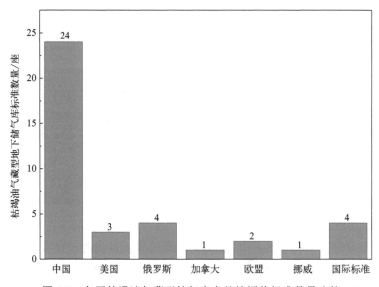

图 3-7　各国枯竭油气藏型储气库完整性评价标准数量比较

经分析比较，国外储气库标准数量少且篇幅较短，均为推荐做法且相关标准被大量引用。优点是涉及的范围广、原则指导性强，就各个阶段提出了原则性要求；缺点是没有详细的专业划分和缺乏细化的专项标准。

与国外百年历史相比，国内储气库建设起步相对较晚。迄今为止，标准基本涵盖储气库全专业和业务链，但尚未形成系统的标准体系。随着储气库规模化建设步入发展快车道，一大批储气库建成投产运行，下一步国内将修改和完善标准体系结构、层次及内容，同时完善未来 3～5 年储气库标准建设规划，在加快推进储气库标准体系建设中突出储气库技术特点和专业特色、相对成熟、管理与生产急需的标准制定速度，力争尽早发布并应用于国内各个储气库当中。

参考文献

[1] 姚凯. 疲劳与断裂的认识与发展概述 [J]. 四川建材，2021，47 (08)：48-49.

[2] Milne I. The importance of the management of structural integrity [J]. Engineering Failure Analysis，1994，1 (3)：171-181.

[3] 马新华，丁国生，何刚，等. 中国天然气地下储气库 [M]. 北京：石油工业出版社，2018.

[4] 董绍华，杨祖佩. 全球油气管道完整性技术与管理的最新进展——中国管道完整性管理的发展对策 [J]. 油气储运，2007 (02)：1-17，62-63.

[5] 郑有成，张果，游晓波，等. 油气井完整性与完整性管理 [J]. 钻采工艺，2008 (05)：6-9，164.

[6] Sultan A A. Well integrity management systems：Achievements Versus Expectations [C] //International Petroleum Technology Conference. OnePetro， (2009-12-7) [2009-12-7]. https：// onepetro. org/IPTCONF/proceedings/09IPTC/All-09IPTC/IPTC-13405-MS/152344.

[7] Harrison M R, Ellis P F. Risk assessment of converting salt caverns to natural gas storage. final report，November 1994-July 1995 [R]. Austin，TX (United States)：Radian Corp，1995.

[8] Terchek S T，Amick P C，Newman M A. Risk Based Assessment of Storage Well Rehabilitation [C] //SPE Eastern Regional Meeting. OnePetro，2001.

[9] 罗金恒，李丽锋，王建军，等. 气藏型储气库完整性技术研究进展 [J]. 石油管材与仪器，2019，5 (02)：1-7.

[10] Ma X. Integrity Management and Risk Control of Gas Storage Facilities [J]. Handbook of Underground Gas Storages and Technology in China，2020：1-29.

[11] 付锁堂，谭中国，何光怀，等. 陕 224 储气库建设与运行管理实践 [M]. 北京：石油工业出版社，2020.

[12] Zheng Y，Sun J，Qiu X，et al. Connotation and evaluation technique of geological integrity of UGSs in oil/gas fields [J]. Natural Gas Industry B，2020，7 (6)：594-603.

[13] 熊建嘉，文明，毛川勤，等. 相国寺储气库建设与运行管理实践 [M]. 北京：石油工业出版社，2020.

[14] Institute T A P. Underground Natural Gas Storage Integrity and Safe Operations [R]. American：The American Petroleum Institute，2016.

[15] 丁舒羽，秦小建，金金，等. 天然气管道的完整性管理 [C]. 全国设备润滑油与液压学术会

议，2015.

[16] 霍进，冉蜀勇，东静波，等. 呼图壁储气库建设与运行管理实践 [M]. 北京：石油工业出版社，2020

[17] 中国石油天然气集团有限公司. 油气藏型储气库钻完井技术要求（试行）（油勘〔2012〕32 号文件）[Z]. 北京：中国石油天然气集团有限公司，2012.

[18] 张平，刘世强，张晓辉，等. 储气库区废弃井封井工艺技术 [J]. 天然气工业，2005（12）：111-114，3.

[19] 黎洪珍，刘畅，张健，等. 老井封堵技术在川东地区储气库建设中的应用 [J]. 天然气工业，2013，33（07）：63-67.

[20] 董范，熊腊生，王平，等. 苏桥储气库建设与运行管理实践 [M]. 北京：石油工业出版社，2020.

[21] 李治，于晓明，汪熊熊，等. 长庆地下储气库老井封堵工艺探讨 [J]. 石油化工应用，2015，34（02）：52-55.

[22] 张刚雄，郭凯，丁国生，等. 气藏型储气库井安全风险及其应对措施 [J]. 油气储运，2016，35（12）：1290-1295.

4

枯竭油气藏型地下储气库地面设施风险评价方法

枯竭油气藏型地下储气库地面设施主要包括集注站和注采管道设施，与常规站场的差别主要在于压力高、温度高且部分设施（如注采管道）存在交替输送功能，在风险评估与控制手段方面可借鉴常规站场相关技术，即对不同功能的系统、不同结构的设备采用不同的技术方法（图 4-1）。静设备参考了管道的 RBI

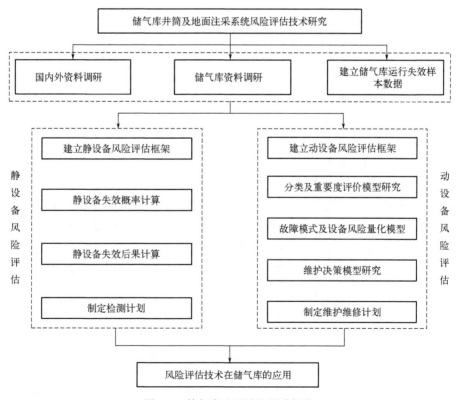

图 4-1　储气库地面设施风险评价

技术；动设备管理方面，国内陆续引进了资产完整性管理（AIM）及其体系框架下的基于可靠性的维护（RCM）加以应用，为压缩机的预防维修和储气库的安全运行提供有力数据[1]。

4.1 地面静设备风险评价方法

储气库地面静设备主要包括热交换器、管道、压力容器、反应器、塔器和分离器等，这类设备在储气库站场风险管理中占据重要地位。传统的设备检测方法往往不能使有限的资源得到最优的回报，也不能保障最危险的受压设备得到足够的重视。而化学火灾爆炸指数评价法、蒙德法、六阶段安全评价法、指标体系法和模糊综合评价法等，缺乏量化评估事故对邻近地区人员设备所能产生威胁的能力，难以提出缓解储气库静设备风险的措施和优化检验策略[2]。因此，借鉴应用于储罐、管道和化工设备的基于风险的检验（risk based inspection，RBI）技术的基本原理和实施流程，来构建储气库静设备 RBI 定量分析体系。

4.1.1 基于风险的检验及其评价标准

20 世纪 50 年代，基于风险的检验技术应用于欧美国家核电站的安全评价中，随后在石油化学工业、环境工程、航天工程、医疗卫生、交通运输等领域得到大力推广和应用。

在石油化工领域，RBI 技术最早由挪威船级社（DNV）应用于海洋平台上，并开发了相应的 RBI 软件[3]。20 世纪 90 年代初，美国一些大型石油化工公司为了降低成本，委托 API 邀请 DNV 将 RBI 技术由海洋平台移植到石油化工设备检验中来，并迅速得到了信任与认可，在很多国外公司及设备上得到成功应用[4]。美国的 ASME 和 API 最先在世界上推广 RBI 技术，但是 AMSE 更偏向将 RBI 技术使用于核电行业，而 API 则主要将其使用在石油化工行业。1991 年 ASME 出版了 RBI 的指导性文件（*ASME RBI Guidance Document Vol.1*）；1992 年 ASME 出版了核电厂的 RBI 文件（*ASME RBI for Nuclear Plant Vol.2*）；1994 年 ASME 出版了发电厂的 RBI 文件（*ASME RBI for Power Plant Vol.3*）；1996 年 API 出版了 API 581 初稿；1999 年 ASME 出版了压力系统的 RBI 指导文件（*RBI Guidelines for Pressure Systems*）；2000 年 API 581 正式出版；2002 年 API RP 580 出版，且被批准为美国国家标准[5]。2008 年，美国颁布的与基于风险的检验相关的一系列文件，统一了石化行业风险评估的相关标准，简化了风险评价步骤，使得欧美国家的石化企业都有能力进行风险评估工作，也使得石化行业的风险评估水平得到巨大提升。目前，许多国家都将这两个文件作为设备定期检测的参考依据之一。一些 RBI 相关标准及文件如表 4-1 所示。

表 4-1　一些 RBI 相关标准

标准号	国家/机构	应用领域	标准及文件名称
—	美国机械工程师学会（ASME）	指导文件	*ASME RBI Guidance Document Vol*. 1 《RBI 指导文件》
—		核电领域	*ASME RBI for Nuclear Plant Vol*. 2 《RBI 指导文件》
—		发电厂	*ASME RBI for Power Plant Vol*. 3 《发电厂的 RBI 技术》
—		压力容器	*RBI Guideline for Pressure Systems* 《压力容器的 RBI 指导方针》
API 580	美国石油协会（API）	石化领域	*Risk-Based Inspection* 《基于风险的检验》[①]
API 581		石化领域	*Risk-Based Inspection Methodology* 《基于风险的检测方法》
API 510		石化领域	*Pressure Vessel Inspection Code：In-service Inspection，Rating，Repair，and Alteration* 《压力容器检验规范》
API 653		石化领域	*Tank Inspection，Repair，Alteration，and Reconstruction* 《储罐检验、维修、改造和重建》
API 570		石化领域	*Piping Inspection Code：In-service Inspection，Rating，Repair，and Alteration of Piping Systems* 《管道检验规范：在用管道系统检验、修理和再定级》
API RP 571		石化领域	*Damage Mechanisms Affecting Fixed Equipment in the Refining Industry* 《炼油厂静设备损伤机理》
API 572		石化领域	*Inspection Practices for Pressure Vessels* 《压力容器检验细则》
API 579-1		石化领域	*Fitness-for-Service* 《适用性评价》

标准号	国家/机构	应用领域	标准及文件名称
CEC J 2793	加拿大石油生产协会(CAPP)	石油化工	*Technical Standards for Risk Assessment of Pipeline Systems*《管道系统风险评价技术标准》
DS/CWA 15740	法国标准协会	石油化工	*Risk-Based Inspection and Maintenance Procedures for European Industry(RIMAP)*《基于风险的欧洲工业检测和维护程序(RIMAP)》

①被批准为美国国家标准。

注：API、510、API、653、API、570 是 RBI 具体操作的文件，是 RBI 的思想、原则在实际操作中的具体应用。也就是说，API、580、API、581 只是用来对设备的宏观风险进行计算、排序，并不能控制风险，而 API、510、API、653、API、570 等一系列具体的检验，完整性评估以及维修技术的规范要求用来支撑 RBI 技术的实施。

我国自 2003 年开始在石油化工装置中逐步推行和应用 RBI 技术。2006 年 5 月 12 日，国家质量监督检验检疫总局发布了《关于开展基于风险的检验（RBI）技术试点应用工作的通知》（国质检特〔2006〕198 号），明确 RBI 技术是在追求特种设备安全性与经济性统一的基础上而建立的一种优化检验方案的方法，并指定于特种设备检验检测领域进行试点。经过近几年的推广与试点，RBI 技术的方法与理念已逐渐被人们认识和接受。国内颁布的一些 RBI 相关标准如表 4-2 所示。

表 4-2　国内关于静设备 RBI 标准

年份	标准	内容
2006 年	关于开展基于风险的检验(RBI)技术试点应用工作的通知	对提供 RBI 评估的机构和进行 RBI 评估的企业都提出了相应要求，意味着 RBI 技术在国内的应用进入了一个新阶段
2006 年	SY/T 6653—2006《基于风险的检查(RBI)推荐做法》	国家参照 API 580 标准发布我国第一份 RBI 技术指导性标准，该标准指明了我国发展 RBI 技术的意义、基本路线
2009 年	TSG RO004—2009《固定式压力容器安全技术监察规程》	首次将 RBI 技术纳入在内，标志着 RBI 技术成为一种法定的风险评估方法
2011—2014 年	GB/T 26610.1—GB/T 26610.5 陆续颁布	对 RBI 评估的基本要求、实施程序、失效可能性的计算、失效后果的确定等给出了详细的阐述，是国内 RBI 技术应用的指导文件，相当于美国的 API 580 和 API 581

年份	标准	内容
2011 年	GB/T 27512—2011《埋地钢质管道风险评估方法》	给出了埋地钢制管道的风险评估方法,可用于长输管道的风险评估
2014 年	GB/T 30579—2014《承压设备损失模式识别》	进一步完善了 RBI 技术的标准体系。GB/T 30579 给出了承压设备主要损伤模式识别的损伤描述及损伤机理、损伤形态、设备内主要预防措施等,相当于美国的 API 571
2017 年	TSG D0001—2017《压力管道安全技术监察规程-工业管道》	一百一十六条明确规定可以采用基于风险的检验,为压力管道定期检验提供配套的法规体系支持
2022 年	GB/T 26610.1—2022《承压设备系统基于风险的检验实施导则 第1部分:基本要求核实施程序》	规定了承压设备系统实施基于风险的检验项目的基本要求与实施程序,适用于石油化工装置承压设备系统实施的 RBI 项目,其他工业承压设备系统实施的 RBI 项目也可参照使用

石油化工行业是目前国内应用 RBI 技术最多的行业,主要用于静设备。除了对设备和管道进行破坏机理的分析外,RBI 还可用于相关站场设备和沿线管道的风险分析管理,包括设备和相关管道出现某类事故的概率大小,设备哪个部位出现事故的可能性最大,设备和管道的破坏机理和失效模式分析等。针对不同的失效模式和风险概率大小,制定合理的检测方式和检测方案,适当延长低概率风险设备的检测周期,达到减小人员伤害后果和设备失效后果,节约相关的成本[6]。

除了这些大型领域和系统外,RBI 技术也可以应用于一些小型的工厂和单一的设备上,具体到某些设备上面的一些零件和部位,分析哪些部位发生事故的可能性最大,从而进行风险分级。针对不同的风险等级,采用合理的检测周期和防护手段,提高资源分配的合理性,减少低风险设备和零件占有的人力资源,提高工作人员精力和时间分配效率,将极大地降低相关的成本,延长保障设备的使用时间,增强设备的安全性。

4.1.2　国内外油气站场风险评价软件

(1) 国内外 RBI 软件

国内外 RBI 软件如表 4-3 所示,各有优缺点。

① 挪威船级社的 ORBIT Onshore　优点:对化工厂的设备管理、项目的实施、实施后检验计划的执行统一管理,优化数据,利于化工厂的管理工作。缺点:只能把半定量方法整合到检查数据库系统,并没有发挥定量法的最大优势。

表 4-3　国内外 RBI 软件

企业	软件名称	行业应用
丹麦 API 公司	API	炼油工业
Shell Global Solutions	PRM-package	炼油工业
挪威船级社（DNV）	ORBIT Onshore	石油化工
英国 TISCHUK 公司	T-OCA	石油化工
挪威船级社（DNV）	ORBIT Offshore	近海采油
挪威船级社（DNV）	ASTRBI	电力、化工、运输工业
德国 MPA 公司	ALIAS	电力行业
法国船级社（BV）	RB-eye	维护管理
美国 APTECH 公司	RDMIP	过程设备、锅炉、储罐、管道
英国焊接学会（TWI）	RISK WISE	过程设备、锅炉、储罐、管道
合肥通用机械研究所与中国特种设备检测研究院	通用中特 RBI	石油化工

注：挪威船级社（DNV）的 ORBIT 分两部分：一部分是 ORBIT Onshore，主要用于陆上石油装置，包括炼油装置和过程装置；另一部分是 ORBIT Offshore，主要用于海上石油装置。ORBIT Offshore 采用了与 ORBIT Onshore 相同的失效后果与失效概率模型，更适用于海洋装备。

② 法国船级社的 RB-eye　优点：使用费用低，数据库全，软件操作简单。缺点：只是一个单独的软件，不能与任何管理系统整合，对化工厂的数据只能计算，不能进行前后期的有效管理；管线分析不能分段，没有定性分析功能，后果分析中没有考虑商业损失等；只适用于一般的检测咨询公司，不利于化工厂的风险信息化管理。

③ 英国焊接学会的 RISK WISE　特点：考虑了设备剩余寿命对检测的影响；给出了不同检测与日常维护措施对风险影响的一个明确比较，使检验结果更加明确；可以融合工厂及使用者的经验；拥有与计算机化的维护管理系统相衔接的接口；其中的时基风险评估模块可以将设备依据风险等级及剩余寿命来分级；其剩余寿命指示器模块可以依据可靠性准则指示维护周期；其焦点/非焦点模块便于使用者选择最优的风险防范措施。

(2) 我国对该类国外 RBI 软件的实际使用情况

① 天津石化与中国石化上海设备失效分析研究与预防研究中心合作引进了挪威船级社的 RBI 技术及其软件 ORBIT，在大芳烃预加氢装置上进行了试点[7]。

② 合肥通用机械研究所、法国船级社与中国石化茂名分公司组成项目组，采用 BV 先进的软件 RB-eye 及数据库，对茂名石化公司乙烯裂解装置和炼油加氢裂化装置进行定量 RBI 分析[8]。

③ 中国石化青岛安全工程研究院引进了英国 TISCHUK 公司的 RBI 技术及其软件 T-OCA，在齐鲁石化胜利炼油厂进行 140 万 t/a 加氢裂化装置 RBI 分析项目[9]。

④ 2008 年，中国特种设备检测研究院与 DNV 合作，完成了镇海炼化储罐群的 RBI 项目，其后又独立完成了北京燕山石化和广州石化储罐群的 RBI 研究工作。此外，浙江省特检院与 DNV 也达成了合作意向，准备开展埋地管道和储罐的风险评估研究与应用工作[10]。

⑤ 郭冰等[11] 采用 DNV 公司的 ASTRBI 软件对 20 台大型常压储罐进行风险评估，选取 1 台中高风险储罐和 1 台中风险储罐进行了开罐检验，检验结果与 RBI 评估结果比较吻合，并以此确定了这 20 台大型常压储罐的下次检验时间。

⑥ 黄贤滨等[12] 详细介绍了 RBI 技术的分析软件，包括挪威船级社的 OR-BIT 软件、法国船级社 BV 的 RB-eye 软件、英国焊接学会（TWI）的 RISK WISE、英国 TISCHUK 公司的 T-OCA 软件，并给出使用软件的建议。

4.1.3 储气库站场静设备风险评价流程

（1）静设备失效概率计算方法

基于储气库静设备的现场特点，改进标准失效概率计算方法中外部损伤因子计算方法，结合标准的失效概率计算方法与该理论研究成果，能够较为准确地计算储气库静设备的失效概率，其计算逻辑与实施流程如图 4-2 所示。

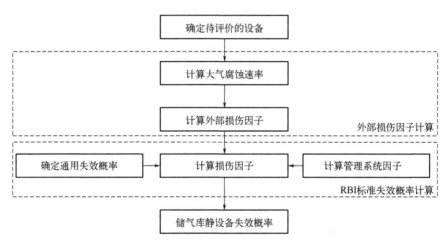

图 4-2　储气库静设备失效概率的计算逻辑与实施流程

（2）静设备失效后果计算方法

基于储气库静设备的现场特点，建立人为因素附加的失效后果计算方法与撬装组件失效后果计算方法。结合标准的失效后果计算方法，已经能够较为准确地计算储气库静设备的失效后果。其失效后果的计算逻辑与实施流程如图 4-3 所示。

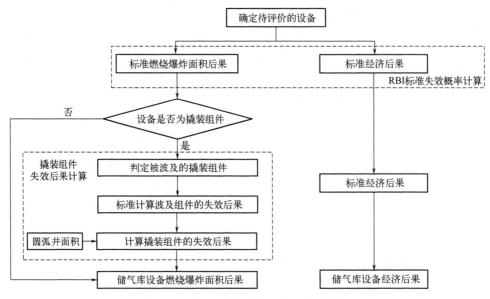

图 4-3　失效后果的计算逻辑与实施流程

　　撬装设备是指一组设备固定在一个角钢或工字钢制成的底盘上，可以进行移动，方便生产管理。在应用时，无需再安装阀门、仪表等设备，只需要管线联通即可。在方便生产的同时，撬装设备的撬装组件间距离较为紧凑，一旦某一组件失效，极有可能引发连锁事故，因此考虑将连锁事故后果引入撬装组件失效后果的计算中[13]，计算流程如图 4-4 所示。该流程的计算关键主要包括两方面，判

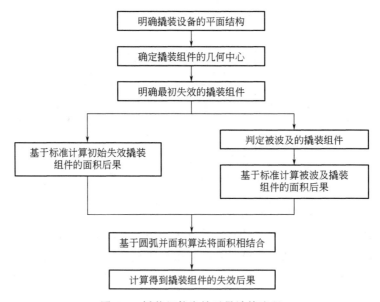

图 4-4　撬装组件失效后果计算流程

定被波及的撬装组件与基于圆弧并面积算法将面积相结合。其中，在应用圆弧并面积算法之前，需要根据 API 581 标准去计算全部损伤设备的燃烧爆炸面积后果。

（3）静设备风险判定与检验维护策略制定

RBI 技术选择的检验方法是基于对现有检测技术的检验能力评估基础之上的，其目的是将有限的资源投入到风险较高的设备上以保证设备安全运行到下一检验周期，建立一个有针对性的检验方案，能够有效提高检验效率与经济性。常规 RBI 技术的检验流程如图 4-5 所示。

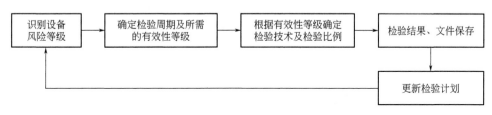

图 4-5　检验流程

在确定风险可接受准则之前，首先要明确静设备风险的定义。根据在 API 580 中风险的定义，其可以表示为：

$$R(t) = P_f(t) \cdot C_f \tag{4.1}$$

式中　$R(t)$——设备的风险值；

$P_f(t)$——设备的失效概率；

C_f——设备的失效后果。

（4）风险矩阵

在油气领域中，面积风险通常由风险矩阵来表示，经济风险由等风险图来表征。在风险矩阵中，首先对风险矩阵不同位置进行风险等级的定义，然后通过描绘计算得到的设备失效概率值和失效后果值，确定设备在风险矩阵的位置，即可得到设备的风险等级。

① 5×5 风险矩阵　为了使面积风险评价结果更为直观，5×5 风险矩阵采用不同的颜色或纹样来表示不同的风险等级，可以直观地将风险可接受准则在矩阵中表现出来。一般来讲，高风险区域为风险不可接受区域，当静设备风险处于此区域时应该立刻停止运转，并不惜成本采取措施降低风险；中高风险区域同样为不可接受区域，应该立刻采取措施降低风险；中等风险区域，表示设备风险处于尽可能降低区域，需权衡安全措施的成本与效益，来决定是否采取措施降低风险；低风险区域即风险可接受区域，无需采取安全措施来降低其风险。

② 等风险图　呈现经济风险结果的方法是等风险图。等风险图同样以二维图的形式显示了失效概率与失效后果的值，风险等级由左下向右上逐渐增加。等风险线之间的区域代表相同的风险水平，静设备组件根据检验风险进行排序。风

险类别与 5×5 风险矩阵的划分方式类似，不同风险等级的定义也基本相同，高风险与中高风险设备为风险不可接受设备，中风险与低风险设备则为风险可接受设备。

由图 4-6 与图 4-7 可知，面积后果风险矩阵与经济后果等风险图的失效概率与失效后果均可分为 5 个等级，其等级划分的结果是风险可接受准则是否合理的关键。

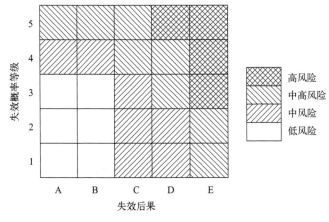

图 4-6　面积后果风险矩阵

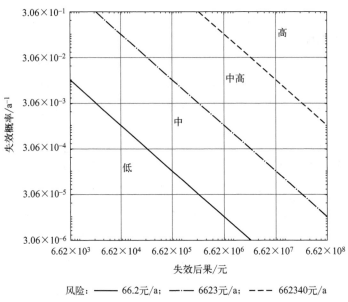

图 4-7　经济后果等风险图

4.2　地面动设备风险评价方法

地下储气库作为石油天然气储备设施，其附属配套设备基本上都属于特种设备，一旦发生事故都是灾难性的，事故所造成生命财产损失也是无法估量的。2003 年 4 月，位于美国加利福尼亚州的一个地下储气库，因为压缩机组失效导致阀门损坏，储气库里的天然气快速喷射出来，喷射时间长达 25 分钟，喷出的气柱有 30m，在喷射时携带少量油而混合构成大片浅褐色云雾，严重污染当地的环境，造成巨大的经济损失[14,17]。因此，为了保证储气库压缩机组等动设备系统的安全、平稳运行，实现风险预防与控制，降低事故事件发生概率与危害后果，需要采用有针对性的工艺危害分析方法进行系统性的分析与评价，全面辨识出系统的各种设计安装缺陷，以及在运营操作过程中可能存在的各种安全隐患，研究制定出系统在各类故障发生时的有效应对与处置措施，并根据压缩机系统的故障类型及影响分析建立维修维护对策[18]。

储气库站场天然气压缩机组等动设备，结构复杂，维修成本高昂，其维修维护管理经历了被动维修、定期维修、预防性维修等发展阶段，在降低设备故障、减少维修维护成本等方面取得了一定的进展。但是传统的检验维修规程基于以往的经验和保守的安全考虑，对经济安全及可能存在的失效风险等有机结合考虑不够，检验维修的频率和效益与所维护设备风险高低不相称，有限的维修资源使用不尽合理，存在"维修过剩"和"维修不足"的问题，维护行为存在一定的盲目性和经验性。

以可靠性为中心的维修（reliability centered maintenance，RCM）是目前国际上通用的、用以确定设备预防性维修需求的一种系统工程方法[19,21]。通过RCM 分析所得到的维修计划具有很强的针对性，确保考虑了所有重要部件和它们的故障模式及重要度，以最少成本、最低时间提高质量的维修计划避免了"多维修、多保养、多多益善"和"故障后再维修"的传统维修思想的影响，适合储气库地面动设备风险评估，也是目前国内外储气库动设备主要风险评估方式。

4.2.1　以可靠性为中心的维修及其评价标准

可靠性是指产品在规定的条件下和规定的时间内完成规定功能的能力。我国国家军用标准 GJB 1378A—2007 将 RCM 分析定义为：按照以最少的维修资源消耗保持装备固有可靠性水平和安全性的原则，应用逻辑决断的方法确定装备预防性维修要求的过程。从广义上说，以可靠性为中心的维修是为确保设备（装备、设施）在运行环境下实现并保持其设计功能所必须的工作方法。其基本思路是：对系统进行功能与故障分析，明确系统内可能发生的故障、故障原因及后果；用规范化的逻辑决断方法，确定出针对各故障后果的预防性对策[22]；通过现场故障数据统计、专家评估、定量化建模等手段在保证安全性和完好性的前提下，以维修停机损失最小为目标优化系统的维修策略。目前，RCM 技术已在航空、武器系统、铁路、汽车、电力、钢铁、核工业、建筑及石油化工等多个领域得到广泛应用。挪威船级社很早就开始研究 RCM 方法，一直为石油化工企业提供设备维护的 RCM 咨询服务。英国 UK Gas 从 1995 年就开始应用 RCM 方法制定维护计划，不但使设备故障率下降，还节约了大量的维护开支。北美 NOVA 天然气输送公司负责输送加拿大生产的 80% 的天然气，面对社会越来越高的安全和环境要求，该公司及时转变传统的维护方法为 RCM，现在也取得了良好的效果。

（1）国外标准

早在 20 世纪 60 年代，美国航空界就开始了针对 RCM 的理论研究，首次应用 RCM 制定维修计划的是波音 747 飞机。1978 年，美联航空公司发表了《以可靠性为中心的维修》专著，此后，人们就把制定预防性维修大纲的逻辑决断分析方法统称为 RCM。1991 年 7 月，英国 Aladon 维护咨询有限公司创始人 J. Moubray 在多年实践 RCM 的基础上出版了系统阐述 RCM 的专著《RCM II》。至 1999 年，RCM 已经应用于军事、航空等领域，每个领域也出现了不同的版本。由于这些版本差别较大，理论界与工业界针对 RCM 方法的判别引发了巨大的争论。之后美国军方委托美国汽车工程师学会（SAE）制定了一份界定 RCM 方法的标准，即符合哪些条件的方法可以称之为 RCM 方法。这就是 1999 年 SAE 颁布的 SAE JA 1011 _ 199908《以可靠性为中心的维修（RCM）过程的评审准则》。按照该标准第五章的规定，只有保证按顺序回答了标准中所规定的 7 个问题的过程，才能称之为 RCM 过程。

此后，不同领域内出现了一批针对特定领域的 RCM 标准和规范。石油、化工、电力等领域主要以欧洲 RIMAP 标准为准则和指南；美国海军颁布了 NAVAIR00-25-403；美国航空运输协会颁布了 ATA MSG-3；美国国家航空航天局（NASA）和美国船级社（ABS）先后在 2000 年 2 月和 2003 年 12 月颁布了各自领域的 RCM 指南，使 RCM 的应用更加具有针对性。这些 RCM 标准规范的涌现充分体现了 RCM 在设备维修管理方面的受欢迎程度，也证明了利用 RCM 方法管理设备是行之有效的措施，应用 RCM 给使用者带来了不错的经济效益。

国外颁布的一些 RCM 标准如表 4-4 所示。

表 4-4　国外部分 RCM 标准

发布机构或作者	标准编号	标准名称
美国汽车工程师协会	SAE JA 1011-200908	*Evaluation Criteria for Reliability-Centered Maintenance（RCM）Processes* 《以可靠性为中心的维修过程的评审准则》
	SAE JA 1012-201108	*A Guide to the Reliability-Centered Maintenance（RCM）Standard* 《以可靠性为中心的标准指南》
	SAE J 1739-202101	*Potential Failure Mode and Effects Analysis in Design* 《设计中的潜在失效模式和影响分析》
美国国防部	NAVAIR00-25-403	*Guidelings for The Naval Aviaion Reliability-Centered Maintenance（RCM）Process* 《美国海军航空兵 RCM 过程指导手册》
	MIL-STD-3034A	*Reliability-Centered Maintenance（RCM）Process* 《以可靠性为中心的维修（RCM）过程》
美国船舶局		*Reliability-Centered Maintenance* 《RCM 指南》[①]
美国航空运输协会	ATA MSG-3	*Operator/Manufacturer Scheduled Maintenance* 《运营商/制造商定期维护》
美国航空航天局		*NASA Reliability-Centered Maintenance Guide for Facilities and Collateral Equipment* 《设施及相关设备 RCM 指南》[②]
欧洲	DS/CWA 15740	*Risk-Based Inspection and Maintenance for European Industries* 《欧洲石油化工电力领域 RCM 的相关规范》
英国/莫布雷（Moubray）		*Reliability-Centered Maintenance Ⅱ* 《RCM Ⅱ》[③]
英国国防部标准	DEF STAN 00-045	*Using Reliability Centred Maintenance to Manage Engineering Failures-Guidance on the Application of Reliability Centred Maintenance* 《利用以可靠性为中心的维护管理工程故障-可靠性中心维护应用指南》
国际电工技术委员会	IEC 60300-3-11	*Dependability Management-Part 3-11:Application Guide-Reliability Centred Maintenance* 《可靠性管理-第 3-11 部分:RCM 应用指南》

①船舶领域的 RCM 的相关规范；②航空航天领域的 RCM 标准；③更加精确地定义了 RCM 的适用对象与范围。

虽然 SAE JA 1011 平息了关于 RCM 方法界定的争论，但并未妨碍 RCM 新版本的出现。为提高评价效率，一些 RCM 方法通过简化或删减经典 RCM 中的某些步骤，或者按照重要度分析将资源配置于关键设备中[23]。典型的版本包括挪威船级社（DNV）改进的 RCM、SRCM 等。

① DNV 改进的 RCM　DNV 的 RCM 是基于 SAE JA1011 中 7 个问题形成的，流程如图 4-8。

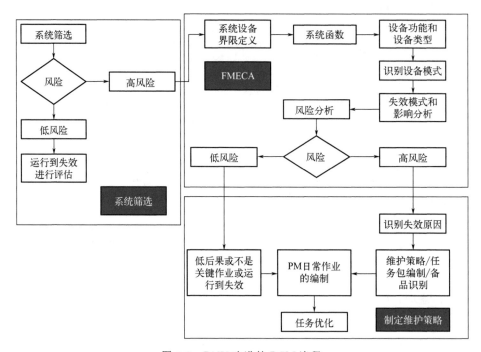

图 4-8　DNV 改进的 RCM 流程

② SRCM　SRCM 最早是由美国电力科学院（electrical power research institute，EPRI）提出的，对 RCM 方法进行了改进，主要变化体现在优化资源配置的同时缩短了分析周期。该方法在电力系统中应用较多，在国际著名的轴承公司——斯凯孚（Svenska Kullager-Fabriken，SKF）也有应用[24]。

SRCM 的独特之处在于对关键重要功能的识别、关键性与非关键性的分析。SRCM 的应用依赖于设备或系统在使用过程中累积的经验，即着重分析故障率较高、故障后果较为严重的设备或系统，列出其中最重要的故障模式，以及在这种故障模式下，可能造成最坏的故障后果；而对于非关键性的故障，则采用较为简单的维修任务进行预防或修理，图 4-9 为 SRCM 流程。

Moubray 指出：SRCM 的缺点是很明显的，SRCM 不是从系统的整体功能出发，因此会漏掉某些关键的故障模式，而这些故障模式的后果有时也很严重，

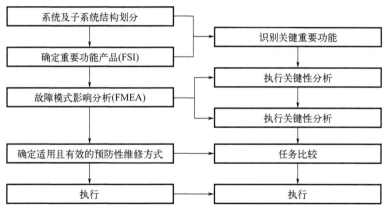

图 4-9　SRCM 流程框图

会引发严重的故障后果。另外，在很多情况下，需要采用一些判据来选择关键功能，这个过程需要花费一定的时间，这样做与采用传统 RCM 方法所用的时间相差无几。但 SRCM 在一定范围内有其合理性。

（2）国内标准

我国最早引进 RCM 技术的是空军和航空工业部门。1981 年 11 月，空军第一研究所将 1980 年 10 月版的 MSG-3 进行了翻译出版，其主要内容和方法与原著并无差异。然后在 1982 年 10 月翻译出版了诺兰和希普的著作——《以可靠性为中心的维修》。1989 年，航空航天工业部在 MSG-3 的基础上针对自身特点进行了改进并随后颁布了航空工业标准 HB 6211—89《飞机、发动机及设备以可靠性为中心的维修大纲的制订》，该标准严格意义来说是我国颁布的第一部根据自身特点制定的 RCM 标准规范。

1992 年，中国人民解放军军械工程学院带头起草了军标 GJB 1378—92《装备预防性维修大纲的制订要求与方法》，用于指导军用装备的 RCM 分析工作。该标准借鉴了美国军标 MIL-STD-1843《飞机、发动机及设备以可靠性为中心的维修》和 MSG-3，沿用了国外的原理和方法，但在标题中并未提及"以可靠性为中心的维修"这一术语，而是以 RCM 分析的目的——"装备预防性维修大纲的制订"为标题。2000 年后，随着国内外对 RCM 概念和技术的应用推广，RCM 逐渐深入国内维修领域并开始为人们所熟悉，并在国内具有了一定的理论和应用基础。GJB 1378—92 在 2007 年被进一步修订，并在名称中加入了"以可靠性为中心的维修"，形成了 GJB 1378A—2007《装备以可靠性为中心的维修分析》。在该标准的附录 A 中，引入了军械装备 RCM 分析方法，该方法主要参考了 Moubray 的 *RCM* Ⅱ 中的方法。随着国际 RCM 标准以及国内 RCM 的发展，GJB 1378A 仍在不断完善之中。

我国颁布的一些 RCM 标准如表 4-5 所示。

表 4-5 国内部分 RCM 标准

发布机构	标准编号	标准名称	应用领域
中国军械	GJB 1378A—2007	《装备以可靠性为中心的维修分析》	军用装备领域的 RCM 标准
中国军械	GJB 1391—2006	《故障模式、影响及危害性分析指南》	军用装备领域的 RCM 标准
航空航天工业	HB 6211-89	《飞机、发动机及设备以可靠性为中心的维修大纲的制订》	航空领域的 RCM 标准
中国	GJB 1378A—2007	《装备以可靠性为中心的维修分析》	应用于石油、化工、电力领域的 RCM 标准
中国	GB/T 7826—2012	《系统可靠性分析技术、失效模式和影响分析(FMEA)程序》	应用于全国电工电子产品的 RCM 标准
中国	GB/T 2900.99—2016	《电工术语-可靠性》	应用于全国电工电子产品的 RCM 标准

RCM 在国内的发展主要体现在消化吸收国际先进方法和标准,结合我国特点进行一定的改进和创新。总体来说在整个方法体系上沿用的是国际流行的方法,并且在个别研究领域,针对部分环节进行了一定的丰富和完善,主要体现在以下几个方面。

① RCM 理论的丰富与完善 贾希胜等[24] 将数学建模方法系统地引入到传统以定性分析为主的 RCM 决策流程中。马智亮等[25] 建立建筑结构定量维修决策模型,将定量决策模型与 RCM 定性分析流程相结合,根据决策流程中不同故障后果决策的需要,建立了适用于 RCM 定量决策分析的模型体系,进一步增强了 RCM 方法的科学性。在 RCM 总体分析框架的基础上,国内研究者对 RCM 方法进行了一些改进和丰富。目前,改进的 RCM 分析方法有很多种,如顾煜炯等[26] 提出了基于模糊评判和 RCM 分析的发电设备状态综合评价方法,应用于发电设备复杂系统的划分和特征参数的状态评估,根据 RCM 分析数据确定系统的故障模式和故障位置,为维修决策提供了科学的参考依据。董晓峰等[27] 针对发电设备运用了案例推理技术,并采用基于模糊粗糙集的属性约简方法减少了案例的存储空间,通过在汽动给水泵上的应用,去除了汽动给水泵设备冗余的设备特征,克服了主观分配权重存在的不足,提高了检索的效率。刘坚等[28] 提出了 H-RCM(Human-RCM),在经典 RCM 只考虑有形资产的基础上,增加了对于人的考虑,将人和设备组成的人-机系统进行统一考虑,在故障模式和影响分析(FMEA)分析中增加了人的功能和故障分析,在最终的维修策略中增加了对

人的监控、考核等"维护"工作。该方法应用于石化企业的风机机组中，根据作者给出的指标对比分析，实施 H-RCM 的效益显著高于经典 RCM。

② 计算机辅助分析手段的开发与应用　计算机技术正在逐步推动 RCM 分析过程产生变化。一方面，借助于人工智能和大数据技术，自动化分析各种故障特征、优化维修工作及其间隔期等成为可能，降低了人工分析的难度；另一方面，随着诸如企业资源规划（enterprise resources planning，EPR）、计算机维修管理系统（computer maintenance management system，CMMS）等技术的应用，维修管理流程和数据都将实现数字化、网络化，改变了维修工作的调度方式，提高了执行效率。

以军械装备为例：程中华等[29] 通过相似设备的案例及相关的推理规则，设计并实现了基于案例的 RCM 分析系统，使传统的完全由专业人员进行的 RCM 分析过程变为计算机对相似案例的检索，减少了 RCM 分析的工作量，增加了计算机对 RCM 分析的支持强度，提高了分析效率和质量。设计了 RCM 模型决策系统，确定了模型辅助 RCM 决策所需的信息、数据处理方式以及如何利用模型辅助决策。实现了主客观数据相结合，加强了数据审核，为 RCM 分析质量提供了保证。贺卉娟[30] 等建立了 RCM 维修信息系统，自动收集企业设备信息，并及时处理和分析数据，为维修方式决策提供基础数据。还能辅助维修人员进行故障模式判断等多方面维修管理，实现科学化和规范化的设备管理。清华大学的 Cheng 等[31]，将人工智能技术应用于 RCM 分析过程中，提出了一种以可靠性为中心的维修智能分析（IRCMA）的框架。

③ RCM 理论在油气站场的实践应用　王金江[32] 在《油气站场风险评价》一书采用 RCM 技术对新疆某储气库集注站 11 台往复式压缩机组（3 台采气期使用，8 台注气期使用）进行了风险评价和可靠性维护分析，在压缩机 34 个功能部件中，分出高风险部件 8 个、中等风险部件 13 个、低风险部件 13 个，并根据不同风险等级提出了维修维护措施。岑康[33] 基于以可靠性为中心的维修管理理念，建立了地下储气库注采压缩机风险评价方法，开展了以可靠性为中心的维修决策分析，辨识出高中风险故障模式、故障原因与关键部件，制定了针对故障原因的维修策略与任务。姚安林[34] 基于模糊集理论，重点改进与完善传统的 RCM 和 RBI 技术，提出一种站场综合风险评价模型，并对某输气站场压缩机组进行风险评价，得到站内的压缩机组风险值为 4.19（风险值表示风险事件的可能性，是介于 0 到 10 之间的数值）。主导风险的故障模式为密封泄漏。游赟等[35] 基于 AHP-FCE 模型及原理，通过设计计算程序对相国寺储气库 8 台往复式压缩机组零部件重要度进行评估，极大减少了专家评分的主观因素影响，通过评估结果，采取相应措施优化维保计划，有针对性地对高、中风险部件实施预维修，从而降低事故发生的可能性。杨培风[36] 对西二线管道某天然气站场压缩机

工艺系统和主要公用系统设备的失效模式，进行了 FMEA 和风险分析，得出设备风险等级并提出合理的检验建议。

此外，赵桂芹等[37] 在模糊综合评价的基础上，利用 RCM 方法的逻辑决断建立了一套新的维修策略决断模型，并以某石化公司烟机为例详细介绍了如何建立模糊综合评价的模型。黄艾丹等[38] 以往复式压缩机为例，对建立 FMEA 和贝叶斯网络（BN）联合实现对动设备的定量风险分析方法进行了实例应用，得到符合实际站场情况的风险预测结果，验证了该方法的有效性和可行性。

4.2.2 储气库站场动设备风险评价流程

（1）动设备零部件重要度评估

由于动设备是由多个子系统联合工作的复杂系统，每个子系统内包括了大量的零部件，一部分零部件失效会直接影响设备的正常工作或带来安全隐患，而其余零部件对设备的正常工作及风险大小影响较小，因此对零部件的重要度评估方法进行了研究，并应用于中高风险动设备，筛选出重要功能零部件，以便后续根据储气库特点进行零部件故障模式的识别。

现有重要度评估模型具有通用性，但未结合储气库的运行环境和动设备的自身特点，导致其在储气库的应用的操作性和准确性较差。例如储气库运行时间较短，设备故障数据较少，评估的故障发生频率、故障后果等指标均只能采用专家评分的方式，造成其结果受人员的主观因素影响大；与此同时，储气库不同于其他站场，其设备运行有着明显的周期性，且不同设备对于储气库生产的影响有明显差异。因此根据储气库及其动设备的运行特点，修订了重要度评估指标，并结合动设备故障数据库和储气库现有的设备台账记录，有针对性地制定了重要度评估标准；同时利用蒙特卡罗（Monte Carlo）模拟方法提高评估结果的客观性，从而提高了储气库动设备的零部件重要度评估结果的准确性。零部件评估流程如图 4-10 所示。

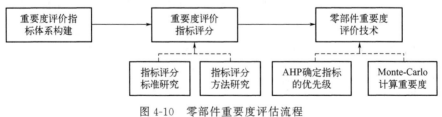

图 4-10　零部件重要度评估流程

AHP—层次分析法

（2）动设备故障模式识别

① 明确分析对象　明确分析对象是故障模式、影响和危害性分析（FMECA）

分析的首要步骤，直接关系到分析工作的效率及准确度。由于动设备或撬装动设备结构层次较多、子系统和零部件数量较大，若分析范围过大会增加不必要的分析工作量，若分析范围过小可能会忽略重要的风险因素。因此分析前需通过明确系统边界、划分系统层次进一步确定分析对象。

② 故障模式识别 通过分析对象的功能和原理、结构特点、运行特点和操作规范等，辨识设备的故障因素，再基于故障因素尽可能全面地识别出分析对象可能发生及已发生的故障模式。

③ 故障原因分析 分析出导致上述故障模式具体的原因，如装配不当、疲劳损坏、腐蚀、磨损、超载、设计不当等。

④ 故障影响分析 故障影响是故障模式最终对自身及其他部分产生的不利后果，不同故障模式产生的故障影响可能相同，某一故障模式的故障影响也可能成为其他故障模式的故障原因，因此划分为对局部/整体的直接影响、对其他部件故障的间接影响。

⑤ 故障模式风险量化 判断故障模式的发生概率、故障严重度（危害性）、故障检测度对应的量化值，并通过下式计算出故障模式的风险优先数 RPN，通过判断和比较 RPN 值大小，有计划地实施维护，可提高设备的维修性和可靠性。

$$RPN = O \times S \times D \tag{4.2}$$

式中，O、S、D 分别表示发生概率、严重度、检测度三个指标通过模糊数学转换得到的无量纲数。

⑥ 建立分析工作表 通过上述分析步骤，将分析结果以表 4-6 的形式展示。

表 4-6 FMECA 工作表形式

对象描述			故障模式	故障原因	故障影响		风险量化				
编号	子系统	零部件			直接影响	间接影响	发生度	严重度	检测难度	RPN值	优先序号

(3) 动设备事故发生概率评估

利用贝叶斯网络计算动设备/撬装动设备的故障可能性，可以解决其故障概率的不确定问题，同时可以了解内部结构故障的关联性。但贝叶斯网络模型构建困难，因此利用 FMECA 技术建模，通过 FMECA 技术和贝叶斯网络的联系，将其转化为贝叶斯网络，构建动设备故障概率计算模型。

FMECA 分析结果中包含子系统名称、故障部位、故障模式及故障影响，子系统、故障部位、故障模式之间明显存在隶属关系，由此上述要素之间可看作因果关系，例如某一故障模式发生将一定程度导致该故障部位的失效。而通过贝叶斯网络的结构和定义可发现，根节点、中间节点和叶节点有着明显的因果关系。

通过对比发现，可将 FMECA 各个要素转化成为贝叶斯网络的各节点，利用贝叶斯网络的有向线段表示各要素之间的关联程度。由于对于压缩机系统等复杂系统，其内部的部分部位失效并非独立的，可能导致其他部位的故障，因此故障影响结果中，利用对其他部位的影响可建立不同子系统中节点与节点之间的联系，解决内部故障关联性的问题。贝叶斯网络与 FMECA 结果的转化示意图如图 4-11 所示。

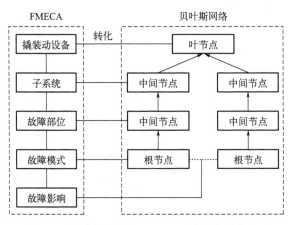

图 4-11   贝叶斯网络与 FMECA 结果的转化关系

事故发生概率的计算直接与安全屏障失效概率相关。安全屏障的失效概率可用查询国内外可靠性数据库、相关标准、专家评分等方法得到，但失效概率通常有较大的不确定性，且与储气库实际情况存在差异。因此可利用贝叶斯理论逆向推理能力更新安全屏障的先验失效概率，即通过现场的异常事件数据更新得到安全屏障的后验概率，也称更新概率。安全屏障的更新概率是符合储气库现场情况的事件，因此代入贝叶斯网络，事故发生概率也随之更新，最终计算出事故发生概率。

安全屏障失效概率更新原理如下：认为安全屏障 i 的先验失效概率 S_i 是随机变量，后验失效概率用贝叶斯反向推理公式得到，表示为式(4.3)。

$$P(S_i \mid data) = \frac{P(data \mid S_i) \mathrm{g} S_i}{\sum P(data \mid S_i) \mathrm{g} S_i} \tag{4.3}$$

式中，S_i 为安全屏障 i 的先验失效概率；$P(data \mid S_i)$ 为根据现场异常数据得到的似然或抽样概率；$data$ 为现场随机数据。

将安全屏障后验失效概率代入下述贝叶斯正向推理公式，可得到事故后果 j 发生的概率 P_j：

$$P_j = p_k \prod_{i \in I_j} S_i^{\alpha_{i,j}} (1 - S_i)^{1 - \alpha_{i,j}} \tag{4.4}$$

式中，p_k 表示不同动设备类型出现故障的概率，由历史故障数据分析得到；I_j 表示导致事故后果 j 发生的安全屏障；$\alpha_{i,j}$ 表示安全屏障在特定条件下的状态，当安全屏障失效时 $\alpha_{i,j}=1$，安全屏障未失效时 $\alpha_{i,j}=0$。

（4）动设备事故风险评估评估

根据风险的定义可知，风险包括事故发生的概率及事故后果。传统风险计算方法中，将设备失效概率与失效后果量化后相乘得到风险值，该方法默认为设备失效将直接导致一系列失效后果的发生。但对于动设备而言，其设备故障并不会直接导致后果的发生，需要一段时间的发展才会导致事故的发生。储气库现场设置有较多的安全屏障，可以阻隔失效事件的发展进程，进而影响动设备的事发生频率。这表明动设备故障后，系统工艺和日常运营过程中仍有冗余操作帮助恢复正常。同时动设备故障造成的事故后果难以量化，因此传统风险计算方法不适用于储气库动设备风险评价。

事件树具有动态分析的特点，可以分析重大事件发生后，事故连锁反应的事故发展过程，因此选用事件树建立动设备故障的事故发展模型，同时考虑安全屏障，模拟动设备故障事故的发展过程。由于尚无储气库安全屏障的失效概率，为解决概率的不确定性，通过事件树与贝叶斯网络的内在联系，将事故后果模型转化为贝叶斯网络，利用贝叶斯更新定量对安全屏障的先验概率进行更新，从而实现动设备故障概率的修正。

传统的事故后果计算方法采用计算人员伤亡、财产损失换算的绝对损失表示，但不同的事故后果的损失计算模型差异较大，且动设备故障导致的部分事故后果损失难以量化评价。因此利用模糊损失率 T 衡量事故损失后果。

损失率定义为某事故发生导致的人员伤亡、生产损失、环境影响、财产损失等损失占总投资的比，表达式如下：

$$T_i = W_i/W \tag{4.5}$$

式中，W_i 为事故 A_i 造成的所有损失；W 为总投资；T_i 为损失率。

将 T_i 划分为 5 个区间，明确每个区间的损失率的模糊语言及区间范围，如表 4-7 所示。

表 4-7 T_i 的划分区间

等级	T_i 的区间	区间中值	模糊语言描述
1	[0.00001, 0.0001]	0.00005	可忽略
2	[0.0001, 0.001]	0.0005	较轻微
3	[0.001, 0.01]	0.005	严重
4	[0.01, 0.1]	0.05	非常严重
5	[0.1, 1]	0.5	灾难性

通过每个区间的中值计算，可将损失率区间中值向量表示为：

$$\boldsymbol{R}_{T_i} = [0.00005, 0.0005, 0.005, 0.05, 0.5] \tag{4.6}$$

由于事故后果损失具有随机性，即同一事故发生的损失和损失率也可能不同。因此将事故后果在不同损失率区间的概率与该区间的损失率区间中值相乘，其乘积表示该事故后果损失率的大小，可表示为：

$$C_i = \boldsymbol{q}_i \mathrm{g} \boldsymbol{R}_{T_i}^{\mathrm{T}} \tag{4.7}$$

$$\boldsymbol{q}_i = [q_{i1}, q_{i2}, q_{i3}, q_{i4}, q_{i5}] \tag{4.8}$$

式中，C_i 为事故 A_i 的模糊损失率，$\boldsymbol{q}_i$ 为事故 i 在不同损失率区间的概率向量。

根据国际隧道协会（ITA）的概率划分标准，通过下式将计算的事故发生概率 P 转化为对数概率 P'：

$$P' = 5 + \lg P \tag{4.9}$$

式中，P 为事故发生的自然概率。对于 $P < 0.00003$ 的情况，按 $P = 0.00003$ 计算。

将计算得到的模糊损失率 C 转化为对数损失率 C'，计算式如下：

$$C' = 5 + \lg C \tag{4.10}$$

根据风险的定义，综合事故发生概率和事故发生的后果损失，可得到动设备故障导致的事故风险值 R：

$$R = P' \mathrm{g} C' \tag{4.11}$$

风险值被划分为了 5 个等级：等级 1 表示风险可接受，可继续维持现状，隶属度函数为 r_1；等级 2 表示风险较低，一定情况下可允许发生，隶属度函数为 r_2；等级 3 表示风险中等，可采取一定的手段改善，隶属度函数为 r_3；等级 4 表示风险高，不能接受，需要采取措施缓解，隶属度函数为 r_4；等级 5 表示风险极高，需要立刻改善，隶属度函数为 r_5。

设 ΔX 为某项已确定的指标（经过标幺化处理后的值也用 ΔX 表示，国标限值用 $\overline{X}$ 表示，X_1、X_2 的取值由实际情况确定，X 为指标限值[38]）。

指标对应等级 1（风险可接受）的隶属度函数为：

$$\mu(\Delta X) = \begin{cases} 1, & 0 \leqslant \Delta X \leqslant X_1 + C \\ \dfrac{1}{2} - \dfrac{1}{2}\sin\varphi, & X_1 + C < \Delta X < X_2 + C \\ 0, & \Delta X \geqslant X_2 + C \end{cases} \tag{4.12}$$

式中，$\varphi = \dfrac{\pi}{X_2 - X_1}\left(\Delta X - \dfrac{X_2 + X_1}{2}\right)$，$C$ 为常数，可取为 $\dfrac{1}{8}\overline{X}$。

指标分别对应等级 2、3、4（风险较低、风险中等、风险高）的隶属度函数为：

$$\mu(\Delta X) = \begin{cases} 0, & \Delta X \leqslant -X_2 + (nk+C) \\ \dfrac{1}{2} + \dfrac{1}{2}\sin\varphi, & -X_2 + (nk+C) < \Delta X < -X_1 + (nk+C) \\ 1, & -X_1 + (nk+C) \leqslant \Delta X \leqslant X_1 + (nk+C) \\ \dfrac{1}{2} - \dfrac{1}{2}\sin\varphi, & X_1 + (nk+C) \leqslant \Delta X \leqslant X_2 + (nk+C) \\ 0, & \Delta X \geqslant X_2 + (nk+C) \end{cases}$$

(4.13)

式中，参数 k 的取值由国标限值确定，可取为 $\dfrac{1}{4}\overline{X}$；$n = 1$，2，3。

指标对应等级 5（风险极高）的隶属度函数为：

$$\mu(\Delta X) = \begin{cases} 1, & \Delta X \geqslant -X_1 + (nk+C) \\ \dfrac{1}{2} + \dfrac{1}{2}\sin\varphi, & -X_2 + (nk+C) < \Delta X < -X_1 + (nk+C) \\ 0, & \Delta X \leqslant -X_2 + (nk+C) \end{cases}$$

(4.14)

式中，$n = 4$。

将式(4.11)计算得到的风险值代入隶属度函数，可以计算出每个风险等级的隶属度，按照最大隶属度原则，选取最大的隶属度所属的风险等级作为风险等级计算结果，如图 4-12 所示。

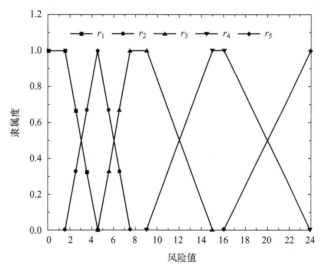

图 4-12 风险等级划分标准

参考文献

[1] 罗金恒，李丽锋，王建军，等．气藏型储气库完整性技术研究进展［J］．石油管材与仪器，2019，5（02）：1-7.

[2] 王金江，王舒辉，张兴，等．基于RBI技术的储气库分离器风险分析［J］．中国安全科学学报，2020，30（02）：21-27.

[3] 王俊雷．RBI技术在压力容器检验中的应用［J］．科技经济导刊，2016（19）：61.

[4] 肖飞．海上油气生产平台静设备基于风险的检验与评价［D］．成都：西南石油大学，2017.

[5] 谷志宇，帅健，董绍华．应用API581对输气站场进行定量风险评价［J］．天然气工业，2006，26（5）：111-114.

[6] 孙新文．风险评估（RBI）在石化特种设备管理中的应用展望［J］．石油化工设备技术，2006（03）.

[7] 陈登丰．在役承压设备风险管理技术的发展［J］．化工设备与管道，2006（04）：17-24，34.

[8] 杨铁成，陈学东，魏安安，等．基于半定量风险分析的加氢装置安全评估［J］．压力容器，2002（12）：43-45，57.

[9] 中国石油化工股份有限公司青岛安全工程研究院，英国TISCHUK国际公司．设备风险检测技术指南［M］．北京：中国石化出版社，2005.

[10] 朱刘苗．RBI技术在石化装置中应用研究［D］．大庆：东北石油大学，2015.

[11] 郭冰．大型常压储罐群风险评估技术研究［D］．保定：河北大学，2010.

[12] 黄贤滨，姜春明，兰正贵，等．基于风险的检测技术及其软件［J］．安全、健康和环境，2004（03）：37-40.

[13] 吴瑕，孙浩，宋长景．页岩气集输站场撬装设备失效后果面积计算方法［J］．中国安全科学学报，2023，33（10）：120-128.

[14] 谢丽华，张宏，李鹤林．枯竭油气藏型地下储气库事故分析及风险识别［J］．天然气工业，2009，29（11）：116-119，150.

[15] Lian L. The technology and development of foreign underground natural gas storage［J］．1997.

[16] Quintaniha de Menezes J E. Natural gas underground storage at carrieo in portuga［J］．Solution mining research institute. Fall 2001 technical meeting Albuquerque. NewMexieo. USA. Oetober 7-10，2001：105.

[17] Berest P，Brouard B. Safety of salt caverns used for underground storage［J］．Oil&Gas Science and Technology-Rev. IFP，2003，58（3）：361-384.

[18] 孙一峰．地下储气库压缩机系统风险性研究［D］．成都：西南石油大学，2014.

[19] Johnson P. The status of maintenance management in Swedish manufacturing firms［J］．Journal of Quality in Maintenance Engineering，1997，3（4）：233-258.

[20] Engineers S O A. A guide to the reliability-centered maintenance（RCM）standard［M］．Society of Automotive Engineers，2002.

[21] 张树忠，曾钦达，高诚辉．以可靠性为中心的维修RCM方法分析［J］．世界科技研究与发展，2012，34（06）：895-898.

[22] 付兴海．基于诊断信息的空压机运行可靠性评估与RCM的改进［D］．大连：大连理工大学，2013.

[23] 侯健红.可靠性维修在方家山核电机组的开发与应用[J].中国核电，2013，6（01）：74-78.

[24] 贾希胜.以可靠性为中心的维修决策模型[M].北京：国防工业出版社，2007.

[25] 马智亮，向星磊，任远.基于RCM方法的建筑设备维护策略定量化决策模型[J].清华大学学报（自然科学版），2019：1-9.

[26] 顾煜炯，董玉亮，杨昆.基于模糊评判和RCM分析的发电设备状态综合评价[J].中国电机工程学报，2004（06）：193-198.

[27] 董晓峰，顾煜炯，杨昆，等.基于模糊粗糙集的案例推理在发电设备RCM分析中的应用[J].中国电机工程学报，2009，29（32）：30-36.

[28] 刘坚，武春燕，于德介，等.考虑人因可靠性的RCM方法改进研究[J].人类工效学，2011，17（02）：37-41.

[29] 程中华，贾希胜，李震，等.基于案例的RCM分析系统案例库的设计[J].计算机工程与设计，2005（05）：1196-1198.

[30] 贺卉娟.基于RCM的设备维修管理信息系统的研究与开发[D].武汉：武汉理工大学，2017.

[31] CHENG Z，JIA X，GAO P，et al. A framework for intelligent reliability centered maintenance analysis [J]. Reliability Engineering & System Safety，2008，93（6）：806-814.

[32] 王金江.油气站场风险评级[M].北京：石油工业出版社，2020：120-127.

[33] 岑康，涂昆，熊涛，等.地下储气库注采压缩机可靠性维修管理模式[J].石油矿场机械，2015，44（05）：72-79.

[34] 姚安林，黄亮亮，蒋宏业，等.输油气站场综合风险评价技术研究[J].中国安全生产科学技术，2015，11（01）：138-144.

[35] 游赟，周博涵，禹贵成.基于AHP-FCE模型的储气库压缩机组重要度评估研究[J].压缩机技术，2021（03）：16-20，31.

[36] 杨培风.长输天然气站场基于RCM分析的实践[J].科技风，2014（13）：80.

[37] 赵桂芹，樊建春，李传华.基于模糊综合评定的RCM维修决策模型[J].石油化工设备，2006（05）：65-68.

[38] 黄艾丹，李长俊，吴瑕，等.基于多态模糊BN的石化动设备故障概率定量风险评估[J].安全与环境工程，2021，28（02）：36-43.

[39] 蒋金良，袁金晶，欧阳森.基于改进隶属度函数的电能质量模糊综合评价[J].华南理工大学学报（自然科学版），2012，40（11）：107-112.

5

储气库地面设施检测、监测技术

5.1 厚壁管道内检测技术

无缝钢管分为厚壁钢管和薄壁钢管。一般认为,壁厚(t)与管外径(D)比(以下简称厚径比)等于 0.05 是厚壁钢管和薄壁钢管的分水岭,厚径比小于 0.05 的是薄壁钢管,大于 0.05 的是厚壁钢管,大于 0.2 的称为超厚壁钢管。枯竭油气藏型储气库由于常处于高压运行状态,因此注采管线通常采用厚壁钢管。

目前,针对无缝钢管的无损检测方法有很多,其中,利用超声检测无缝钢管应用最为广泛。超声检测能够对钢管进行整个壁厚方向的检测,最重要的是可以检测钢管内壁缺陷,且对钢管内部的分层类缺陷有着较高的灵敏度,这是其他方法所不及的[1-2]。

一般来讲,管材内部缺陷的分布方向主要有两种,即径向和轴向。轴向缺陷的检验采用纵波直探头或双晶探头即可解决。径向缺陷的检验,对于厚径比小于 0.2 的管材而言,可采用纯横波检测;当钢管的厚径比大于 0.2 时,由于受到钢管曲率及壁厚等因素影响,纯横波无法同时实现径向内、外壁缺陷的检测,需要采取纵、横波混用的方法进行超声波检测。

针对厚壁管道,国内外常用的超声波检测方法有折射横波检测法(S 法)、斜射纵波检测法(L 法)和变形横波检测法(L-S 法)(表 5-1),这三种方法均采用搭建智能清管器的方式进行管道内外壁缺陷的检测。变形横波检测法又可分为内壁法和端角法两种。检测效果:变形横波端角法>变形横波内壁法>斜射纵波检测法>折射横波检测法。对于厚径比范围为 0.2～0.34 的管道而言,使用变形横波端角法探伤效果最佳,常用探头频率为 5MHz。

表 5-1 三种常用超声检测方法比较

检测方法	优缺点	适用范围
折射横波检测法	简便易行,但对小裂纹检测灵敏度低,且存在内壁的多次反射杂波	最佳检测厚径比范围为 0.2～0.36

检测方法	优缺点	适用范围
斜射纵波检测法	简便易行,在检测中还可排除横波的干扰,对缺陷的分辨十分有利。但探伤效率较低,适合于小批量厚壁管材探伤	在国外的管材超声波检测标准中一般规定,对于厚径比大、所需折射角度小于35°的管材采用斜射纵波检测法
变形横波检测法	能准确地发现内、外壁缺陷,且杂波干扰小,探伤重复性好。适用于大批量厚壁管检测。但使用方法相对较复杂	入射角应为10°左右,最佳检测厚径比范围为0.2～0.36。该方法优于以上两种方法。其中端角法又优于内壁法

5.1.1　折射横波检测法

折射横波检测法是采用小角度纵波斜探头产生的折射横波进行内壁检测。对于厚径比大于0.26的厚壁管材,国内通常采用折射横波检测内壁缺陷,折射纵波检测外壁缺陷的方法,这样可以保证管材的整个壁厚都能够被扫查到。

但毛月娟等[3]通过试验分析提出:如果厚径比进一步增大,横波折射角度小于20°时,折射横波的声压往复透射率已经低于6%;当厚径比达到0.36、横波折射角达到15°时,折射横波的声压往复透射率只能达到4%,此时利用折射横波检测内壁缺陷的灵敏度就很低。同时管材内部存在多种变形波,如果表面粗糙度较差,信噪比也会很低。

利用折射横波检测法进行厚壁管道的内壁检测,简便易行,但该方法对小裂纹检测灵敏度低,存在内壁的多次反射杂波,其检测管道的厚径比也比较窄,因此使用范围并不广。

5.1.2　斜射纵波检测法

用斜射纵波检测法检测厚壁管材径向缺陷的基本原理是:设计斜楔,使通过斜楔的入射纵波在厚壁管中产生折射并反射,利用反射波中具有较高能量的纵波检验整个壁厚范围内的径向缺陷。

朱康平等[4]对厚径比为0.25的锆合金厚壁管进行实验研究,结果表明横纵波相结合和双角度纵波斜入射这两种方法均能准确发现内外壁缺陷;考虑到检测效率问题,对于小批量厚壁管探伤适宜采用斜射纵波检测法,而大批量厚壁管探伤适宜采用横波纵波相结合的方法。

北京航空材料研究院的韩波、李家伟[5]通过对厚壁管超声探伤方法的探究,提出采用斜射纵波检测法检测厚径比大于0.2的管件的纵向缺陷,在实验过程中为了提高检测灵敏度,分别采用两种入射角不同的纵波,进入管件后折射声束覆盖不同的范围，最后检出了全部壁厚中的纵向缺陷，调整合适的入射角还可以避免横波的干扰。

综上所述，利用斜射纵波检测法进行厚壁管道的内壁检测，简便易行，还能排除横波的干扰，但其探伤效率较低，只适合于小批量厚壁管材探伤。

5.1.3 变形横波检测法

变形横波检测法是利用管内的折射纵波检测钢管外壁缺陷，而利用管内折射纵波在钢管外壁上波形转换后的反射横波检测钢管内壁缺陷。变形横波检测法又分为变形横波内壁法和变形横波端角法。变形横波内壁法以 90°左右入射角扫描内壁缺陷，变形横波端角法以 45°左右入射角扫描内壁缺陷。

张家骏等[6] 在各种超声厚壁管探伤方法的基础上，率先提出一种适于检测厚壁管内壁裂纹的新方法——变形横波端角反射法，并讨论了端角反射和外壁对声束的汇聚作用。现场实验表明，该法灵敏度优于常规换能器。

北京理工大学检测与控制实验室[7] 对三种型号的钻铤进行内壁纵向缺陷检测方法研究，指出：对于大型管径厚壁钢管，使用变形横波端角反射法检测灵敏度较高，探头指向性更好；对于中等管径厚壁管，使用变形横波切内壁法效果较好。

确定超声波探伤探头的入射角，对于确保探伤结果的准确性至关重要。邓世荣等[8] 采用半水浸法变形横波检测了 $\phi70mm$ 厚壁管内壁纵向缺陷，发现采用 10°入射角时能够获得最佳检测灵敏度。

赵仁顺[1] 阐述了超厚壁钢管采用变形横波检测法探伤时探头入射角的设计、探伤灵敏度的调整及波形判定，通过 $\phi121mm×36mm$ 规格钢管的探伤实例验证了此方法的有效性，并列出了超厚壁钢管 8 种常见规格所允许的最大入射角，如表 5-2 所示。

表 5-2　超厚壁钢管常见规格所允许探头的最大入射角

钢管外径/mm	钢管壁厚/mm	t/D	最大入射角/(°)
121.0	36	0.2975	20.02
140.0	32	0.2286	27.31
141.3	36	0.2548	24.49
152.4	35	0.2297	27.19
159.0	46	0.2893	20.86
165.0	49	0.2970	20.07
190.7	47	0.2465	25.38
194.0	45	0.2320	26.94

5.1.4　折射横波与变形横波检测法的比较

对于厚壁管道内壁检测常用的三种方法，学者们进行了比较。李跟社等[9]对变形横波和折射横波检测内壁缺陷时的灵敏度进行了研究，结果表明：当横波折射角小于14°时，折射横波和变形横波的往复透射率差别不大，均处于较低的水平；随着折射角的增大，变形横波的往复透射率迅速增加，在23°左右达到最大，此时对应的折射纵波入射角为45°左右，而折射横波则一直维持在较低的水平。即在大多数范围内，变形横波检测厚壁管灵敏度大大高于折射横波。

李跟社等[9]对无缝钢管超声波探伤入射角的允许范围进行计算，分析了纯横波和变形横波探伤时所能检测的无缝钢管 t/D 范围，并给出纯横波和变形横波检测常规外径无缝钢管时的壁厚范围。分析认为：无缝钢管 $t/D \leqslant 0.20$ 时宜采用纯横波对内、外表面进行探伤；$0.20 < t/D \leqslant 0.26$ 时，应使用变形横波进行表面探伤。

毛月娟等[3]通过对小角度折射纵波检测法、折射横波检测法以及变形横波检测法进行分析试验，结果如表5-3所示。

表5-3　S波与L-S波的检测结果对比

外径 D/mm	内径 d/mm	厚径比 t/D	入射角 α/(°)	横波折射角 β_s/(°)	纵波折射角 β_l/(°)	S /dB	L-S /dB	L-S/S /dB
400	128	0.34	15.5	18.7	35.6	72	67	5
280	100	0.32	17.4	20.9	40.7	73	66	7
320	127	0.30	19.5	23.4	46.1	70	65	5
230	100	0.28	21.4	25.8	52.7	68	60	8
270	127	0.26	23.3	28.1	58.7	66	56	10

由表5-3的实测数据看，变形横波对内壁缺陷的检测灵敏度高于折射横波5～10dB。可以看出，对于大厚径比管材的内壁缺陷超声波检测，采用变形横波检测法较折射横波检测法具有更高的检测能力，具有更高的检测灵敏度和信噪比。可以认为变形横波检测法不仅适用于厚径比不大于0.26的管材，同样较有效地适用于厚径比在0.26～0.34之间的大厚径比管材的内壁缺陷检测。

对于厚壁管道而言，变形横波检测法的检测效果优于折射横波检测法和斜射纵波检测法。其中，端角法是利用内壁裂纹与内表面形成的端角进行横波端角入射，可以获得全反射，而常用的变形横波切内壁法则有侧壁干扰效应，不能形成全反射，因此变形横波端角法又优于变形横波内壁法。

5.2 压力容器无损检测技术

为了确保压力容器安全运行，各国对压力容器均采用运行期间的定期检验制度。压力容器检验分为不停止运行的外部检验和停止运行后的内外部检验。外部检验的周期一般为 1～2 年，内外部检验的周期一般为 5～10 年。我国政府有关规程规定，压力容器外部检验的周期为 1 年，内外部检验的周期最长为 6 年。在用压力容器检验的重点是压力容器在运行过程中受介质、压力和温度等因素影响而产生的腐蚀、冲蚀、应力腐蚀开裂、疲劳开裂及材料劣化等缺陷，因此除宏观检查外需采用多种无损检测方法。除移动式外，压力容器的检测均在其安装使用现场进行，检测条件受到限制，因此，采用的无损检测技术应适于现场应用，仪器均为便携式[10]。

无损检测技术是当前压力容器检验中常用的技术类型，该技术在检测过程中并不会对压力容器造成损伤，影响压力容器的正常工作[11]。除此之外它还具有可视化程度高、操作时间短、检测结果较为精确等优势，因此对在用压力容器常用的 8 种无损检测技术进行介绍。

(1) 表面检测

表面检测的部位为压力容器的对接焊缝、角焊缝、焊疤部位和高强螺栓等。铁磁性材料一般采用磁粉法检测：内部由于照明不好，采用荧光磁粉法检测；外部采用湿式黑磁粉法检测。铁磁性材料的角焊缝用磁粉检测无法进行时采用渗透法检测。非铁磁性材料采用渗透法检测：内部采用荧光渗透法检测（被检表面的黑光强度至少应为 $1000\mu\mathrm{W/cm}^2$），外部采用着色渗透法检测。

(2) 超声检测

超声检测法适用于厚度大于 8mm 的压力容器壳体或大口径接管与壳体的对接焊缝内部缺陷的检测。通常采用 A 型脉冲反射式超声波探伤仪和 2.5MHz 或 5MHz 频率的探头检测。表层缺陷的检测可采用爬波或 SH 横波探头。为提高焊缝检测效率，解决焊缝缺陷测深定高及缺陷定性分类等难题，可采用电子相控阵探头和衍射波时差法（TOFD）双探头。

(3) 射线检测

射线检测方法适用于压力容器壳体或接管对接焊缝内部缺陷的检测，使用的射线探伤设备包括 X 射线探伤机、γ 射线源和电子直线加速器。一般 <450kV 的 X 射线探伤机适于检测的钢厚度为 90mm，^{192}Ir-γ 源检测厚度范围为 20～100mm，^{60}Co-γ 源检测厚度为 40～200mm，4～9MeV 直线加速器适于检测的钢厚度为 200～400mm。

另外，射线检测也常用于在用压力容器检验中对超声检测发现缺陷的复验，以进一步确定这些缺陷的性质，为缺陷返修提供依据。

（4）涡流检测

对于在用压力容器，涡流检测主要用于换热器换热管的腐蚀状态检测和焊缝表面裂纹检测。检测采用内穿过式探头，非铁磁性换热管采用常规涡流检测技术，铁磁性换热管采用远场涡流检测技术，以检测换热管内外部腐蚀引起的穿孔、蚀坑以及壁厚均匀减薄等缺陷。

欧洲和我国分别开发了采用电流扰动磁敏探头的涡流检测技术来检测焊缝表面裂纹。用该技术检测允许焊缝表面较为粗糙或带有一定厚度的防腐层，因此可在压力容器运行过程中进行焊缝表面裂纹的快速检测；也可在压力容器停产时进行内外部检验——先采用该技术对焊缝进行快速检测，然后对可疑部位进行磁粉或渗透复验，以确定表面裂纹的具体部位和大小。

（5）**声发射检测**

声发射技术用于检测压力容器可能存在的活动性缺陷，也可用于对已知缺陷进行活性评价[12]。声发射检测特点是必须在检测过程中对压力容器进行加载，常用的加载方法为压力容器停止运行后进行的水压或气压试验，也可直接用工作介质进行加载。对活动性缺陷，在加载过程中用多个声发射传感器对压力容器壳体进行整体监测，以发现活性声发射源，然后通过活性声发射源进行表面和内部缺陷检测，排除干扰源，发现压力容器上存在的缺陷。对已知缺陷进行的活性评价是在加载过程中对已知缺陷进行声发射监测：如果在整个加载过程中缺陷部位无声发射定位源产生，则认为缺陷是非活性的；反之，如有大量声发射定位源信号产生，则认为已知缺陷是活性的。

（6）**磁记忆检测**

磁记忆检测方法用于发现压力容器存在的高应力集中部位，这些部位容易产生应力腐蚀开裂和疲劳损伤，在高温设备上还容易产生蠕变损伤。金属磁记忆检测技术是俄罗斯杜波夫教授于20世纪90年代初提出，并于90年代后期发展起来的一种检测材料应力集中和疲劳损伤的新的无损检测与诊断方法。金属磁记忆检测的原理是利用铁磁工件在受载工作过程中应力和变形区域内产生的磁状态不可逆变化，在该区域内发生具有磁致伸缩性质的磁畴组织定向的和不可逆的重新取向，这种磁状态的不可逆变化在工作载荷消除后不仅会保留，还与最大作用应力有关。通常采用磁记忆检测仪器对压力容器焊缝进行快速扫查，以发现焊缝上存在的应力峰值部位，然后对这些部位进行表面磁粉检测、内部超声检测、硬度测试或金相分析，以发现可能存在的表面裂纹、内部裂纹或材料微观损伤。

(7) 漏磁检测

漏磁检测主要用于检测压力容器壳体可能出现的点腐蚀状态。有些压力容器人无法进入内部检查，有些结构采用内窥镜也无法检验，采用超声波测厚很难发现点腐蚀的分布，采用超声直探头探伤又需对表面进行打磨。漏磁检测技术可用于表面带油漆层情况下的扫描检测，而且从外部可测出内部存在的腐蚀坑大小和深度[13]。鉴于上述特点，漏磁检测适用于压力容器运行状态下的在线检测。

(8) 红外检测

红外检测常用于高温或低温压力容器内部保温层完好状态的检测与评价，而热弹性红外检测技术适用于压力容器高应力集中部位和疲劳损伤部位的检测。许多高温压力容器内部有一层珍珠岩等保温材料，以使压力容器壳体的温度低于材料的最高允许使用温度，如果内部保温层出现裂纹或部分脱落，则会使压力容器壳体超温运行而导致热损伤。采用常规红外热成像技术可以很容易发现压力容器壳体的局部超温现象。压力容器上的高应力集中部位在经受大量疲劳载荷后，如出现早期疲劳损伤，会出现热斑迹图像。压力容器壳体上疲劳热斑迹的红外热成像检测可以及早发现压力容器壳体上存在的薄弱部位，为以后的重点检测提供依据。

5.3 压缩机组状态监测技术

随着石油化工行业的发展，压缩机组的应用日益增多。压缩机越来越趋向于大型化、自动化、复杂化，其状态监测和故障诊断尤为重要。状态监测和故障诊断系统应用于大型压缩机组，可有效提高压缩机运行的可靠性、安全性、科学性，保障装置的长周期稳定运行，降低维修成本，减少安全事故的发生，提高企业经济效益。

当前国内外较典型的状态监测方式主要有 3 种，其功能和优缺点总结如表 5-4 所示。

表 5-4　当前国内外较典型的状态监测方式比较 [14]

监测方式	功能	优点	缺点
离线定期监测	测试人员定期到现场用一个传感器依次对各测点进行测试,并用磁带机记录信号。数据处理在专用计算机上完成,或是直接在便携式内置微机的仪器上完成。这是当前利用进口监测仪器普遍采用的方式	测试系统较简单	①测试工作较烦琐,需要专门的测试人员②由于是离线定期监测,不能及时发现突发性故障

监测方式	功能	优点	缺点
在线检测离线分析	在设备上的多个测点均安装传感器,由现场微处理器进行各测点的数据采集和处理,在主机系统上由专业人员进行分析和判断。这是近年在大型旋转机械上采用的方式	①相对第一种方式,免去了更换测点的麻烦 ②能在线进行检测和报警	需要离线进行数据分析和判断,而且分析和判断需要专业技术人员参与
自动在线监测	不仅能实现自动在线监测设备的工作状态,及时进行故障预报,而且能实现在线数据处理和分析判断:由于能根据专家经验和有关准则进行智能化的比较和判断,中等文化水平的值班工作人员经过短期培训后就能使用	不需要人为更换测点,也不需要专门的测试人员和专业技术人员参与分析和判断	软硬件的研制工作量很大

5.3.1 离心式压缩机状态监测技术

国外开发的状态监测系统主要有:ITCC 控制系统、Bently 3500 系统和 DM2000 系统。国内开发的状态监测和分析系统主要有:创为实 S8000 系统、北京化工大学 BH5000 系统、沈鼓测控 SG8000 系统。机组自动诊断系统在不断发展,可是实用性并不理想。

(1) S8000 系统

国内大型离心机组广泛应用 S8000 系统,实现了机组的在线运行状态监控,可以及时、准确地诊断出机组故障。刘立忠[15] 将 S8000 系统应用于广石化乙烯裂解三大压缩机组上,准确地对该机组进行了实时状态检测和故障分析、诊断,同时保证了机组系统正常稳定运行,最大限度地减少了维护工作量。张载、吴钢[16] 将 S8000 系统应用于武汉石化,实现了对机组的状态监测、信号分析、过程数据积累与故障诊断,提高了主风机和气压机等机组的监测水平。毕志刚[17] 应用 S8000 系统诊断裂解气离心机组异常振动,评估压缩机能否继续运行,提出了针对性措施。周立民等[18] 在某石化公司安装 S8000 系统,灵活设计数据结构,实现一体化接口,为系统实现数据实时抓取、新旧系统融合等方面做出了有益的尝试。

S8000 系统在应用上得到不断改进。苏志忠等[19] 通过采用系统升级、引进工艺参数、添加键相信号、整改异常数据等一系列措施,对 S8000 系统功能进行了完善,使系统更加稳定,功能更加强大。潘峰[14] 以天津石化化工厂大芳烃装置 K-201 循环离心压缩机组为研究对象,采用 S8000 系统与贝叶斯故障分析系统,通过在线检测与故障诊断系统的结合实现对旋转机械设备的故障分析和趋势预测。

基于上述对 S8000 系统应用的研究成果，对该系统的功能、缺陷和典型案例总结于表 5-5 中。

表 5-5　S8000 系统功能、缺陷及应用案例[20-22]

功能	①自动触发的高密度起停机监测，起停机过程与正常监测互不干扰，在机组起停过程中，正常监测和起停机录波同时进行，可通过各个图谱实时观察机组的运行状态，可完整保留转子动特性数据及过程量信息 ②基于事件和基于时间的双重存储，可做到无故障时少采样，有故障时多采样，保证没有多余的与诊断无关的信息存储，不会丢失重要的机组信息。不仅保存了全部采样数据，而且大大减少了存储量 ③S8000 系统通过网络浏览器进行所有监控和分析工作，轻松地将全厂机组"一网打尽"。各级设备管理人员，无需赶赴现场，在办公室或在家里通过局域网或互联网与系统连接就可得到机组状态信息 ④远程诊断、升级和维护，将 S8000 接入互联网，可远程请诊断专家为现场机组会诊，系统的维护也可以通过网络来实现
缺陷	①S8000 系统本身不能称为智能诊断方法，它只是一种信号分析工具，只是对非平稳信号分析有优势，只能提取某一种或几种故障特征，要想实现智能诊断，还必须与专家系统或神经网络相结合 ②S8000 系统虽然能够监测和诊断机组故障，但因创为实公司不再提供硬件及软件服务，致使该系统市场占有率明显下降，呈现逐渐退出市场的趋势
应用案例	故障描述：101-J/JT 机组于 2003 年 10 月 8 日首次开启，每次在快速通过机组临界转速后，随着转速的增加，机组振动突然急剧增大，无法继续升速，被迫停机 故障分析：由启机时的 Bode 图、振动频谱图和轴心轨迹图分析可得，机组由于发生喘振而停机

(2) BH5000 系统

BH5000 系统功能强大，广泛应用于往复式机组、离心机组及泵组。李亚军等[23] 结合 BH5000 系统分析二氧化碳机组振动异常上升的现象，得出了故障原因，并采取了正确处理措施。姜波等[24] 分析 BH5000 系统在丁辛醇装置某离心机组上的应用，实现了对该机组的实时状态监测和诊断。李洪亮[25] 在研究 BH5000 系统的应用，有效监测了机组运行，同时故障诊断效果显著。贾延伟等[26] 针对某循环氢机组多次出现振动联锁跳车的情况，采用 BH5000 系统来分析故障原因，并采取了针对措施，保障了机组安全稳定运行。

BH5000 系统在应用上得到不断改进。申大勇[27] 结合催化机组具体故障诊断案例，分析研究了 BH5000 系应用不足之处，并提出了改进措施。原泉、冯坤[28] 将动设备监测整合为 BH5000 系统，实现动设备运行状态监测管理，提高了设备管理水平。

基于上述对 BH5000 系统应用的研究成果，对该系统的功能、缺陷和应用案例总结于表 5-6、表 5-7 中。

表 5-6　BH5000 系统功能 [25]

一级菜单	二级菜单	功能描述
可视化管理	全局查看设备运行状态及报警情况	设备报警分布图和报警设备列表;可查看设备运行信息;可链接设备状态监测诊断系统
设备状态显示及报警系统	设备状态显示及报警系统	关键设备运行状态显示;把处于报警状态设备的报警测点及报警类型等信息通过邮件形式发送给相关负责人
设备状态监测诊断系统	旋转机械监测诊断	包括的功能模块:机组概貌图、振动监测、振动历史比较图、单多值棒图、轴心轨迹、开停机图形、综合分析、运行状态图、其他参数趋势图、全频谱、二维全息谱图、旋转机械报警查询
	往复机械监测诊断	包括的功能模块:机组概貌图、运行状态图、历史比较图、单值棒图、活塞杆沉降/偏摆监测、振动监测、多参数分析、综合监测、其他参数趋势图、活塞杆轨迹图、往复报警查询
	机泵监测诊断	包括的功能模块:机组概貌图、趋势分析、冲击诊断、转子类故障诊断、倒谱图、单多值棒图、其他参数趋势图、机泵报警查询
	机泵巡检点模块	包括的功能模块:机组概貌图、趋势分析、巡检统计、报警分析、冲击诊断、频谱分析、综合分析等功能
	在线报告报表	包括的功能模块:监测诊断报告、机组月报表、厂级报表、振动参数报表
	报警统计	包括的功能模块:监测站级报警统计、公司级报警统计
案例库系统模块	案例库	录入并积累各类动设备的故障案例,用于查询、审核、诊断以往故障和现有设备故障的对比、参考
系统接口	通信接口	读取 DCS 数据接口、读取 GIS 数据接口

表 5-7　BH5000 系统缺陷及应用案例 [21,29]

缺陷	①软件安装维护系统还需要进一步完善 ②BH5000 目前还未对所监测到的数据、图谱做一些必要分析和判断,以引起维护者的注意,故障的发现和诊断还依赖于设备维护人员的责任心和技术水平 ③BH5000 系统监测面太广,在离心机组监测和诊断方面优势并不明显,也没有很好地利用线上及线下诊断专家资源
应用案例	故障描述:在连云港碱业有限公司的 2MCL705 离心压缩机组中,5 号压缩机组某时间段振动较大,机组持续发出低沉吼叫,因同期生产工艺波动较大,由经验判断为机组发生喘振
	分析描述:通过在线监测系统 5 号压缩机振动趋势图,发现轴心轨迹紊乱;1 倍频、2 倍频及多倍频出现明显峰值;结合生产现场工艺状况,可以得出结论:机组存在喘振,并同时存在对中不良

(3) SG8000 系统

2012 年深圳创为实公司被收购成为新的测控公司,之后测控公司在沈阳与沈鼓集团合作成立了沈鼓测控公司,并建立了机组远程诊断中心。截至目前,该中心监测国内 163 家化工公司的 1235 台大型离心机组，并联合沈鼓离心机设计维修专家为 SG8000 客户提供实时远程服务，临时紧急诊断 95 次，现场人工诊断 70 次，系统实时预警 2000 余次，诊断服务 1800 多次，实现了真正意义的远程专家诊断。这也是 S8000、BH5000 系统无法比拟的。

SG8000 广泛应用于离心式压缩机组。秦杏尧、商明虎[30] 针对辛烯醛加氢机组运行中突发的振动异常，利用 SG8000 在线监测系统进行故障诊断，从而快速找到振动原因并及时进行处理，确保了装置的稳定运行。佟立臣、张旭[31] 针对某厂尿素车间氨压缩机组汽轮机出现的振动波动问题，结合 SG8000 在线监测系统的相关图谱，深入探究可能导致汽轮机组异常振动的原因，给出处置建议并成功消除了故障。董芳玺[21] 以 SG8000 监测诊断系统为例，分析研究了状态监测与故障诊断在大型离心机组上的应用。吕志坚[32] 通过 SG8000 系统对某石化厂聚烯烃装置故障原因进行了分析诊断，并在检修过程中证实了该诊断结果。

基于上述对 SG8000 系统应用的研究成果，对 SG8000 图谱的主要特征与常见故障对应以及该系统的缺陷和应用案例总结于表 5-8、表 5-9 中。SG8000 系统包含的图谱多且专业，根据监测到的图谱特征进行故障分析。

表 5-8　振动故障与 SG8000 图谱主要特征对应表[21]

常见振动故障	SG8000 图谱主要特征
不平衡	波形频谱图：正弦波、1X 幅值高；趋势图：振动值大，趋势缓慢上升或急速上升；Bode 图：相位突变或缓慢变化
不对中	频谱图：2X 或 1X,2X 为主；轴心轨迹图："8"字形
气动类	波形频谱图：0.5X 以下
油膜类	波形频谱图：接近 0.5X；轴心位置图：轴心位置变化明显
弯曲	Bode 图：启机与停机比较变化明显
摩擦	轴心轨迹图：反进动

表 5-9　SG8000 系统缺陷及应用[21]

缺陷	①目前还不具备自动诊断功能 ②当机组出现故障时,不能自动把机组控制为安全状态
应用案例	故障描述：机组自开车以来压缩机振动稳定，压缩机所有振动幅值均不高于 $21.5\mu m$。12 月 6 日 10 点 10 分左右，压缩机振动幅值出现突然升高，最高接近 $50.5\mu m$
	故障分析：振动波动频率以 1X 为主,同时相位有不同程度的改变,约 1 小时后压缩机因振动幅值升高,联锁跳车。能量以 1X 为主,同时在 2X、3X、4X 伴有谐波。判断压缩机转子平衡性发生突然改变,如叶轮开裂或断叶片等

（4）ITCC 控制系统

ITCC 系统是一套集压缩机的透平调速控制、防喘振控制、性能控制、抽气控制、自保联锁逻辑控制为一体的综合控制系统。与传统的压缩机组控制方案相比，它具有可靠性更高、功能强大、组态灵活、操作容易等优点[33]。

ITCC 系统多用于往复式压缩机的安全保护。杨雪等[34] 介绍中国石化齐鲁分公司 1.40Mt/a 2 号延迟焦化装置富气压缩机 ITCC 防喘振控制系统改造及应用情况，为机组的节能改造提供技术参考；毛大军[35] 以二氧化碳压缩机二回一防喘振控制为例，通过 ITCC 控制系统设定防喘振控制逻辑，采用先进的控制方式，最大限度地防止了机组喘振的发生，有效避免停车；王婕等[36] 通过对 ITCC 综合控制系统在压缩机组控制中的应用分析，提出了该系统与传统的防喘振控制系统相比具有的优势；马星星等[37] 以轻烃处理厂天然气压缩机为研究对象，分析 ITCC 系统在性能控制方面的应用，发现压缩机运行点更靠近防喘控制线，机组做功效率提高，抗波动能力增强，运行更加平稳。

基于上述对 ITCC 系统应用的研究成果，对该系统的功能、缺陷和应用案例总结于表 5-10。

表 5-10　ITCC 系统的功能、缺陷和应用[38-39]

功能	①ITCC 系统安全保护措施主要有超速联锁、临界转速联锁保护、油压低低联锁、吸入罐液位高高联锁、轴位移联锁、防喘振控制 ②采取 3-2-1-0 工作模式，即使出现了单点故障，也不影响整体，减少出现停车事故 ③克服了以往分散控制系统的缺点，把机组的各个控制部分，包括机组联锁 ESD、SOE 事件顺序记录、机组控制 PID（例如防喘振控制、调速控制等）、常规指示记录功能、故障诊断功能等，完美地结合在一起，集成为一套机组综合控制系统 ④控制功能十分强大，当机组出现故障时，可以自动把机组控制为安全状态。在防喘振方面尤为突出
缺陷	缺乏基于图谱的故障分析功能，无法详细知道故障情况
应用案例	乙烯裂解气压缩机采用三段出口返一段入口、四段出口返四段入口两路防喘阀对压缩机进行防喘保护。该套 ITCC 系统对于防喘阀的调节模式除手动与自动模式，还有手动带后备模式。当防喘阀处于手动带后备模式时，防喘阀处于手动控制状下，系统对操作点进行监测。操作点的值将与系统根据现场参数计算出的喘振线进行比较，一旦操作点接近喘振线，系统将接管手动模式，将喘振阀自动调节到一定的安全开度防止喘振的发生

（5）Bently 3500 系统

该系统应用于连续、永久性检测，适用于多种行业的旋转或往复机械，尤其适用于要求极高可靠性和可用性的自动停机机械保护。它提供连续、在线监测功能，是 Bently 采用传统框架形式的系统中功能最强、最灵活的系统，具有其他系统所不具备的多种性能和先进功能[40]。

张苏健[41] 利用 Bently 3500 监测系统对某企业天然气压缩机组的老系统进行改造，改造后的系统投入运营半年时间，测量准确、运行稳定，所提供的机组保护信号正确，有力地保证了机组的安全稳定运行。杨发义等[42] 针对中国石油辽阳石化公司烯烃厂裂解装置 C201 裂解气压缩机出现的故障，利用 Bently 3500 系统进行卡件检查，发现问题后对机组实施抢修，并实现一次性开车成功。

基于上述对 Bently 3500 系统应用的研究成果，对该系统的功能、缺陷和应用案例总结于表 5-11 中。

表 5-11　Bently 3500 系统的功能、缺陷和应用案例[41]

功能	①监测压缩机运行中轴的振动、位移、转速等状态，防止因压缩机、变速箱和电机轴向位移或径向振动高高报警，产生跳车信号使机组保压停机 ②能够通过多种传感器采集和显示数据，还能将设备运行状态和预先设定的报警值进行比较，从而提供保护。当超出报警值时，系统可以发出信号使设备状态转变为安全运行模式，甚至停机保护设备 ③各模块卡件都有自诊断功能，对各通道进行实时诊断 ④出故障后实行旁路隔离。各模块卡件在任一通道诊断出故障时即会连通旁路，隔离故障段，此时原通道的联锁不会起作用，从而保护机组的安全运行 ⑤报警、联锁逻辑组态灵活。每一通道的报警、联锁都有相应编码，各编码可进行任意的与或逻辑组合，完成各报警、联锁功能
缺陷	数据显示，不如图谱直观，缺乏基于图谱的故障分析功能
应用案例	案例描述：某企业天然气压缩机组原有的监测系统已不满足要求，现改为 Bently 3500 系统解决问题： ①转速波动。老系统因投用时间长，卡件内部电位器老化，每次检修都要进行校验，正常运行时转速波动大，不利于机组负荷调整 现状：改造为 Bently 3500 监测系统后，应用可靠的微处理器技术，采用新型一次元件，无需对卡件进行校验。现转速十分稳定，满足工艺人员操作要求 ②老系统都为机械指针显示，不能直观地显示出整个机组运行情况，不便于工艺操作人员对机组运行工况进行了解 现状：Bently 3500 系统为计算机操作监测系统，通过系统 Oerator Display 显示软件，就可以对整个机组所有的监测点进行显示，可显示所监测的各项参数的实时值、趋势图、间隙电压等多种数据，并可显示机组图，在机组配置画面下显示需要监视的重要参数 ③老系统因为应用较早，当时没有计算机，没有记录和保存历史数据的功能，只能以机械指针表显示实时数据 现状：Bently 3500 系统可以通过计算机对历史数据进行保存

5.3.2　往复式压缩机状态监测技术

往复式压缩机虽然也经历了多年的发展，但对其故障机理、故障诊断以及状态监测的研究却远不如离心式压缩机成熟。这主要是因为往复机械运动规律复杂，在曲轴转动，连杆摆动以及十字头、活塞杆、活塞的往复运动综合作用下，往复式压缩机振动源更多，机体振动信号具有显著的非平稳性和非线性，是典型的复杂系统。往复式压缩机监测系统通常安装有冲击、位移、温度、压力、键相传感器，还需要获得机组控制系统热工参数数据，得到的信号种类远多于离心压缩机、机泵等旋转类机械监测系统获得的数据种类，增加了往复式压缩机的监测和诊断难度。

国外具有比较成熟的往复式压缩机在线监测技术的厂家主要有美国的 Bently Nevada 公司、Dynalco 公司和德国的贺尔碧格公司、Prognost 公司等。

美国的 Bently Nevada 公司是一家专门致力于设备的状态监测与故障诊断的公司。它不仅为设备的状态监测提供各种各样的方案，还生产了一系列的模块化的产品用于实际构建系统。从 20 世纪 60 年代开始，Bently 公司就致力于往复式压缩机在线监测系统的研究与开发，其最初的监测系统仅仅监测活塞杆沉降一项参数。经过多年的发展，Bently 公司已经开发出包含硬件、软件与服务于一体的 Bently 3500 系列设备保护系统和 System 1 软件平台，实现了对机组的机体振动、主轴承温度、气缸压力、十字头加速度等一系列的机械与工艺参数的监测。3500 系列设备保护系统及 System 1 软件平台的问世使往复压缩机在线监测系统达到一个新的水平。

德国的贺尔碧格公司的 HydroCOM 是专门为往复式压缩机开发的无级气量调节系统，该系统可以实现对往复压缩机排气量 0～100％的调节，并且该系统可以监测压缩机气缸内部实时动态压力，这为在线监测系统示功图监测提供了非常必要的条件，而示功图监测在一般往复式压缩机组上是很难实现的。这不仅为在线监测系统也为节能减排开启了一个新的课题。

自从 1989 年以来，德国的 Prognost 公司专门致力于往复式压缩机的状态监测系统的开发，其开发的监测系统不只专注于对机组本身信号的采集，还能对采集信号的特征进行解释，包括机组发生何种故障及故障机理，从而为设备管理人员判断机组运行状态及决策提供有力数据支持。该系统代表了目前往复压缩机在线监测系统最高水平。

我国虽然在此领域的研究起步很早，但由于远程监测诊断成套系统研究和制造成本较高，厂家很难投入力量发展该项技术；国内高校也有相关方面的研究报道，但都停留在实验室研究和个别往复压缩机的试用上，没有推广应用方面的报道，如西安交通大学的往复式压缩机故障分析及智能诊断系统、浙江工业大学的往复式压缩机在线监测系统等。还有许多研究是对压缩机的某一或几种故障或者某种监测方法进行了深入的研究，但是都没有形成完整的系统。

（1）Prognost 系统

目前，利用信号分析、数据处理、计算机技术、图形处理技术发展起来的各种机组状态监测系统已经很成熟，这些系统与 Prognost 系统相比，在数据采集、信息处理、监控分析方面的功能各有所长。而 Prognost 系统专注于往复式压缩机，适配性强。

李奕[43] 针对某装置超高压往复式乙烯气体压缩机组，采用德国 Prognost 公司开发的 Prognost-SILver 系统作为该机组状态监测系统，实现对机组的在线监控、故障诊断和联锁保护功能；Lu 等[44] 从 41 篇期刊中提取了 115 条故障案例验证了 Prognost 系统的可行性。

基于上述对 Prognost 系统应用的研究成果，对该系统的功能、特点和应用案例总结于表 5-12 中。

表 5-12　Prognost 系统的功能、特点和应用案例[43]

功能	①现场传感器采集到的振动、位移、压力、温度等信号，通过硬接线传输到 Prognost-SILver 核心单元；Prognost-SILver 核心单元通过卡件对来自传感器的模拟输入信号进行处理，并将其转换成数据，并对这些数据进行分析。如果诊断出异常信息，超出系统设定的限值，则诊断设备处于不安全状态，发送给安全控制器，再从安全控制器传送停机信号到安全仪表系统，实现对机组的保护 ②通过 Prognost 服务器单元，可以对系统进行各项安全报警、联锁等参数设置及组态 ③通过置于控制室的 Prognost 监控操作站，可以通过可视化软件实时查看各运行参数，便于操作人员对机组运行状态进行监控 ④针对往复式压缩机特有的振动特性，Prognost 系统独创了分段振动分析，即将曲轴转动的 360°角细分成 36 个 10°曲柄转角，对每一个对应的曲轴转角的平均冲击宽度进行精确监测
特点	Prognost 系统是一种专注于往复式压缩机的状态监测与保护系统。相比其他系统，该系统不只专注于对机组本身信号的采集，还能对采集信号的特征进行解释，包括机组发生何种故障及故障机理
应用案例	故障描述：某聚乙烯装置超高压压缩机 2B 段气缸振动值 VE12717 在一段时间内显示偏高，在 $18m/s^2$ 左右，而其他段气缸振动通常在 $10m/s^2$ 左右
	故障分析：利用系统分段振动分析，监测任一时间内，每个曲柄转角所对应的平均冲击宽度情况。通过 VISU 查看 2B 段气缸振动 VE12717 与正常工作的 2A 段气缸振动 VE12716 的趋势，在同一时间段内的振动分段值并进行对比。再查看 2B 段其他压力、温度参数无异常，检查 VE12717 仪表探头、回路正常。初步分析判断为设备原因，即气缸工作不正常导致 VE12717 振动值偏大

（2）HydroCOM 系统

现今石化企业生产弹性很大，压缩机使用过程中，往往要满足不同工况的流量要求，当工艺过程所需气量小于压缩机实际排气量时，就需要对压缩机的排气量进行调节。而 HydroCOM 系统是一个智能化的、高效的、无级可调的、反应灵敏且具有监控特性的、完全自动化的气量调节控制系统，其回流省功 p-V 图如图 5-1 所示。

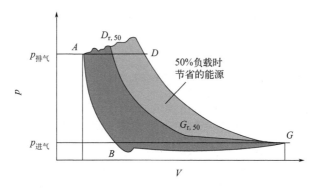

图 5-1 回流省功 p-V 图

该系统常用在往复式压缩机上，达到节能降耗的作用。马昌岳[45] 介绍了 HydroCOM 气量调节系统在加氢裂化装置往复式压缩机中的应用情况，与原有气量调节方案进行了比较，说明了此系统在该装置工作状况下具有的优点以及所取得的经济效益。王万有等[46] 结合大牛地气田往复式压缩机实际运行情况和现场流程设置对该系统应用，分析验证了 HydroCOM 无极气量调节系统节能效果，电能消耗基本与运行负荷成正比。周洪建[47] 提出 HydroCOM 气量无级调节系统在某企业 200 万 t/a 大柴油加氢装置的成功应用，通过"回流调节"实现节能，很大程度上提高了装置节能降耗的程度。

该系统也常与其他系统联用，实现对压缩机组调控方式的优化。高莉莉[48] 针对某企业新氢压缩机存在大功率浪费的问题，提出引进无级气量调节系统技术，对渣油加氢新氢压缩机——C102A 往复式压缩机进行改造、实施，取得非常明显的节能效果。李大鹏等[49] 提出利用 HydroCOM 系统来实现优化某企业机组的调控方式，保证大型机组高效安全运行。

基于上述对 HydroCOM 系统应用的研究成果，对该系统的功能、特点和应用案例总结于表 5-13 中。

表 5-13 HydroCOM 系统的功能、特点及应用案例[45, 50-51]

功能	①HydroCOM 的设计初衷是压缩机只压缩实际需要的气体气量 ②HydroCOM 使用液压执行机构来满足全行程无级调节气量的要求，它与压缩机的进气温度、进气压力、气体分子量等流程变量无关 ③执行机构内置的电磁阀能够准确快速地对 Hydro COM 系统做出反应，致使压缩机负载可以在三个曲轴回转中从 0% 加载到 100% ④HydroCOM 系统可嵌入到 DCS 系统或其他压缩机控制系统中去 ⑤HydroCOM 系统不仅仅是一个控制系统，它同时还是一个监控平台，能对 PV 图、振动及活塞支撑环磨损情况进行监测，从而提高压缩机的可靠性、高效性、安全性 ⑥HydroCOM 系统应用范围较广，基本上任意一台往复式压缩机都可以装备该系统

特点	①最大限度地节省能源 ②最优的控制特性 ③最宽广的调节范围,让流程更具柔性,并让压缩机的启停更加自如 ④快速而精确地调控,满足流程的动态控制要求 ⑤可监测进气阀的温度,并在 DCS 上显示 ⑥可完全集成到工厂现有的控制系统中 ⑦高度自动化的控制方式,仅需要极少的人工干预 ⑧易于对现有的压缩机进行升级改造(适用于大多数的往复式压缩机,仅需要一周左右的停机时间,无需额外的安装空间) ⑨高度标准化的系统部件 ⑩易于升级为在线状态监测系统,实现 PV 图分析,支撑环磨损监测和振动监测等
应用案例	按照某厂目前生产工况,K-1401C 在 60% 负荷左右即可满足供氢量。该新氢机年运行 8000 小时,按电费 0.55 元/(kW·h),对节能效果进行核算。根据压缩机数据表,K-1401C 压缩机的指示功率 $3228kW \times 98\% = 3149kW$,按照如下公式计算: 节省的压缩机指示功率=压缩机指示功率×(1-压缩机负荷) 年节省电费=节省的压缩机指示功率×8000h/a×0.5 元/(kW·h) 则负荷为 60% 时: 节省的压缩机指示功率=$3149kW \times (1-0.6) = 1260kW$ 年节省电费=$1260kW \times 8000h/a \times 0.55$ 元/(kW·h)=554 万元

(3) RT9260/CR 系统

RT9260/CR 系统是由美国 Dynalco 公司开发的一款可工业化应用的往复压缩机在线监测系统,能对活塞杆载荷、气缸动态压力等信号进行监测[52]。张文琦等[53] 以苏里格气田为背景,利用该系统分别进行了往复式压缩机综合故障监测与分析、发动机动力缸超声波监测与故障分析和发动机高频、低频振动监测与故障分析。吕鹏飞等[54] 针对某油田关键设备 FTY1000 型往复式压缩机,利用 RT9260/CR 系统监测到的数据分析了气缸两端和十字头振动、气阀超声波信号,较为准确地判断出了压缩机故障。黄敏[55] 基于 RT9260/CR 系统,对往复式压缩机常见故障、状态监测方法以及常见故障对应的解决措施进行了系统的阐述。

基于上述对 RT9260/CR 系统应用的研究成果,对该系统的功能、缺陷和应用案例总结于表 5-14 中。

表 5-14 RT9260/CR 系统的功能、缺陷和应用案例[53-54]

功能	Dynalco 9260/CR 包括 1 台多通道分析仪和 Rtwin9.2 软件包,收集机械的工作状况和性能数据,做出设备管理方面的决策;可以监测分析动力缸、压缩机及辅机状态,检测参数包括振动、压力、温度和超声等,分析包括冲程压力变化、二阶点火和动力缸点火峰值压力(ECR)统计分析、冲程振动和压力变化、压力、振动、超声和频谱趋势分析、压缩机时域压力和压力值的理论-实际比较、族群比较以及频谱分析、快照获取、故障检测、瀑布谱和统计过程控制(SPC)
缺陷	无法进行在线分析

应用 案例	故障描述:FTY1000型往复式压缩机是某油田公司的关键设备,2015年4月对该天然气压缩机进行状态监测,发现1号缸十字头、盖侧低频振动量值较以往明显增大,由此怀疑十字头组件及活塞环、支撑环存在一定程度的磨损现象。同时,设备负荷较低,加载困难(正常运行时1号缸进气压力约为0.27MPa,排气压力约为0.67MPa,2015年4月份进气压力仅0.23MPa、排气压力为0.42MPa) 故障分析:超声波曲线显示1号缸轴侧吸、排气阀超基线同时变宽,疑似活塞环存在泄漏现象。结合以上监测情况进行分析,怀疑1号缸活塞环、支撑环存在故障。停机拆检情况与诊断结果相符

参考文献

[1] 赵仁顺. 超厚壁钢管内壁缺陷的超声波探伤方法研究 [J]. 钢管,2010,39 (03):55-59.

[2] 唐锐,张敬东,张祺. 小径厚壁钢管超声探伤系统设计研究 [J]. 机械设计与制造,2013 (08):226-229.

[3] 毛月娟,苑宝臣. 大厚径比管材超声波检测方法 [C] //第十五届冶金及材料分析测试学术报告会 (CCATM2010) 论文集. 北京:中国金属学会,2010:1469-1471.

[4] 朱康平,王力,冯辉,等. 厚壁锆合金管材超声波探伤方法研究 [J]. 钛工业进展. 2012,29 (06):36-41.

[5] 韩波,李家伟. 厚壁管超声探伤方法研究 [J]. 材料工程,1996 (10):40.

[6] 张家骏,钱旭,刘惠琴,等. 超声波检验厚壁管内壁裂纹的新方法——变型横波端角反射法 [J]. 无损检测,1994 (05):121-124.

[7] 曹现东. 厚壁管超声无损检测关键技术研究 [D]. 北京:北京理工大学,2014.

[8] 邓世荣,彭善勇. 厚壁管纵向内伤超声波探伤方法探讨 [J]. 湘潭师范学院学报. 2009,31 (01):77-80.

[9] 李跟社,袁兴龙,张银亮. 厚壁无缝钢管纵向内壁缺陷超声波探伤方法的研究 [J]. 钢管,2018,47 (05):55-58.

[10] 沈功田,张万岭. 压力容器无损检测技术综述 [J]. 无损检测,2004 (01):37-40.

[11] 刘佳丽. 压力容器检验中常用无损检测技术的运用探讨 [J]. 中国盐业,2021 (04):54-57.

[12] 杨瑞峰,马铁华. 声发射技术研究及应用进展 [J]. 中北大学学报 (自然科学版),2006 (05):456-461.

[13] 齐洪洋,陈阮,林楠. 漏磁检测技术在石化行业的应用进展 [J]. 天然气与石油,2021,39 (04):14-19.

[14] 潘峰. K-201离心压缩机在线监测和故障分析系统的应用研究 [D]. 天津:天津大学,2006.

[15] 刘立忠. 旋转机械状态监测系统及其在乙烯压缩机中的应用 [J]. 传感器世界,2003,(08):24-29.

[16] 张戟,吴钢. S8000系统在设备管理上的应用 [J]. 安徽化工,2017,43 (05):105-109.

[17] 毕志刚. 裂解气压缩机组的振动监测与振动异常分析 [J]. 乙烯工业,2005,(03):43-46,12.

[18] 周立民, 宋贤钧, 周晓康, 等. 基于 WebBrowser 实时数据采集接口的实现 [J]. 阜阳师范学院学报（自然科学版）, 2010, 27（02）: 28-31.

[19] 苏志忠, 戴凤涛, 陈峰, 等. 远程在线监测系统监测与诊断功能的完善 [J]. 石油化工设备, 2011, 40（S1）: 65-68.

[20] 李想. S8000 系统在设备管理中的应用 [J]. 中国化工贸易, 2013, 5（3）: 32-34.

[21] 董芳玺. 大型离心机组运行状态监测与故障诊断应用研究 [D]. 济南: 山东大学, 2020.

[22] 曾广胜, 翟敏军. S8000 大机组故障诊断系统在化肥厂中的应用 [J]. 自动化仪表, 2007（01）: 40-42.

[23] 李亚军, 尤文卿, 刘君有. 二氧化碳压缩机高压缸轴振原因分析及对策 [J]. 中国设备工程, 2013,（08）: 56-57.

[24] 王猛, 姜波, 杨留龙, 等. 丁辛醇罐区尾气焚烧系统的应用及技术改造 [J]. 广州化工, 2014, 42（18）: 206-207, 219.

[25] 李洪亮. BH5000 在线监测系统在大型机组中的应用 [J]. 石油化工设备, 2016, 45（S1）: 33-37.

[26] 贾延伟, 武寨虎. 循环氢压缩机轴振动高高联锁停车的原因分析及对策 [J]. 中氮肥, 2017,（03）: 67, 74.

[27] 申大勇. 在线状态监测技术在一催化机组故障诊断中的应用 [J]. 中国设备工程, 2010,（05）: 9-11.

[28] 原泉, 冯坤. 石化转动设备状态监测与故障诊断平台及应用 [J]. 设备管理与维修, 2013,（S2）: 128-130.

[29] 吴小云, 刘健. 2MCL705 离心压缩机常见故障与在线监测诊断实例 [J]. 纯碱工业, 2016（04）: 37-39.

[30] 秦杏尧, 商明虎. 辛烯醛加氢机组振动原因分析及处理 [J]. 中国设备工程, 2014,（05）: 70-71.

[31] 佟立臣, 张旭. 汽轮机摩擦振动故障的分析与诊断 [J]. 内燃机与配件, 2019,（03）: 128-130.

[32] 吕志坚. 状态监测技术在循环气压缩机电机振动故障诊断中的应用 [J]. 石油化工设备技术, 2021, 42（06）: 61-66.

[33] 王银锁, 于秀丽, 董志富. ITCC 在大型压缩机组中的应用 [J]. 甘肃联合大学学报（自然科学版）, 2009, 23（S2）: 25-26.

[34] 杨雪, 杨德志. ITCC 防喘振控制系统在焦化压缩机组中的应用 [J]. 齐鲁石油化工, 2017, 45（02）: 142-146.

[35] 毛大军. ITCC 防喘振控制系统在离心式压缩机中的运用 [J]. 化肥设计, 2021, 59（01）: 37-41, 61.

[36] 王婕, 王沛豪. ITCC 综合控制系统在压缩机组控制中的应用 [J]. 化工管理, 2017（06）: 195.

[37] 马星星, 马云龙, 刘田毅. 浅谈 ITCC 性能控制在大型天然气压缩机中的应用 [J]. 中国石油和化工标准与质量, 2020, 40（22）: 115-117.

[38] 邱晋刚. ITCC 系统的应用与维护总结 [J]. 中氮肥, 2009（01）: 47-51.

[39] 李诗卓. ITCC 系统在乙烯装置中的应用 [J]. 中国设备工程, 2020（14）: 103-104.

[40] 肖玲. 本特利 3500 系统在大型机组中的应用 [J]. 自动化应用, 2012（11）: 53-54.

［41］张苏健．本特利 3500 监视系统在合成氨厂天然气压缩机组的应用［J］．中国科技信息，2012（16）：117.

［42］杨发义，邹春雨，包鑫．裂解气压缩机振动联锁停车事故处理过程及其分析［J］．化工管理，2018（04）：150-153.

［43］李奕．Prognost 系统在超高压往复式压缩机组状态监测上的应用［J］．科技创新与应用，2021，11（16）：163-165.

［44］Lu Y J，Tung F Y，Wang C H. Developing an expert prognosis system of the reciprocating compressor based on associations among monitoring parameters and maintenance records［J］. J Loss Prev Process Ind，2021，69：9.

［45］马昌岳．Hydro COM 无级调节在新氢压缩机上的应用与分析［J］．化学工程与装备，2019（12）：159-160.

［46］王万有，刘艳涛，崔龙龙．Hydro COM 无极气量调节系统在往复式压缩机上应用分析［J］．化工管理，2016（35）：69，71.

［47］周洪建．Hydro COM 气量无级调节系统在大型往复式压缩机的工业应用［J］．化工管理，2014（33）：102-104，106.

［48］高莉莉．Hydro COM 无极气量调节系统在往复式压缩机上应用研究［J］．价值工程，2017，36（20）：220-221.

［49］李大鹏，徐委华，刘晓刚．Hydro COM 系统在大型往复机组优化运行探讨［J］．设备管理与维修，2021（13）：134-135.

［50］刘峰．Hydro COM 无级气量调节系统在往复式压缩机中的应用［D］．西安：西安石油大学，2015.

［51］贾志清，罗炜．Hydro COM 控制系统原理及在往复压缩机上的应用［J］．甘肃科技，2011，27（17）：90-92，151.

［52］余良俭．往复压缩机故障诊断技术现状与发展趋势［J］．流体机械，2014，42（01）：36-39.

［53］张文琦，张浩然．综合故障监测技术用于天然气压缩机组［J］．设备管理与维修，2015（S2）：194-198.

［54］吕鹏飞，吴朝敏，王明凤．往复式压缩机状态监测与故障诊断［J］．石油和化工设备，2016，19（01）：60-61，65.

［55］黄敏．往复式压缩机状态监测与故障诊断分析［J］．设备管理与维修，2016（01）：28-29.

附录 A

国外储气库相关信息

附表 A.1 美国

所属州	储存场所名称	储气库名称	类型	分布区	工作气量 /亿 m³	总库容量 /亿 m³	每日最大交付量 /亿 m³
阿拉斯加州	Kenai	Sterling Pool 6	枯竭油气藏型	阿拉斯加州	14.64	16.33	0.017
阿拉斯加州	Cannery Loop	Sterling C	枯竭油气藏型	阿拉斯加州	3.10	5.07	0.042
阿拉斯加州	Pretty Creek UN	Beluga 51-5	枯竭油气藏型	阿拉斯加州	0.65	0.78	0.003
阿拉斯加州	Swanson River	Tyonek 77-3	枯竭油气藏型	阿拉斯加州	0.48	0.96	0.009
阿拉斯加州	Swanson River	Tyonek 64-5	枯竭油气藏型	阿拉斯加州	0.36	0.53	0.007
马里兰州	Accident	Oriskany	枯竭油气藏型	东部	3.17	3.82	0.086
纽约州	Tuscarora Stora	Oriskany	枯竭油气藏型	东部	1.76	4.08	0.020
纽约州	West Independen	Oriskany	枯竭油气藏型	东部	0.76	2.14	0.040
纽约州	Collins Storage	Medina	枯竭油气藏型	东部	5.08	8.25	0.113

所属州	储存场所名称	储气库名称	类型	分布区	工作气量/亿 m³	总库容量/亿 m³	每日最大交付量/亿 m³
纽约州	Nashville Stora	Medina	枯竭油气藏型	东部	0.64	2.08	0.020
纽约州	Derby Storage	Medina	枯竭油气藏型	东部	23.22	38.67	0.476
纽约州	Holland Storage	Medina	枯竭油气藏型	东部	3.28	3.66	0.057
纽约州	Zoar Storage	Onondaga	枯竭油气藏型	东部	3.11	3.51	0.085
纽约州	Limestone Stora	Oriskany	枯竭油气藏型	东部	21.24	24.35	0.269
纽约州	Sheridan Storag	Medina	枯竭油气藏型	东部	6.09	13.05	0.119
纽约州	Perrysburg Stor	Medina	枯竭油气藏型	东部	0.68	1.94	0.113
纽约州	Beech Hill Stor	Oriskany	枯竭油气藏型	东部	24.41	47.49	0.527
纽约州	Bennington Stor	Medina	枯竭油气藏型	东部	5.66	6.65	0.184
纽约州	Lawtons Storage	Medina	枯竭油气藏型	东部	1.27	2.58	0.071
纽约州	East Independen	Oriskany	枯竭油气藏型	东部	2.13	3.14	0.071
纽约州	Colden Storage	Medina	枯竭油气藏型	东部	1.44	2.07	0.014
纽约州	Wyckoff	Onondaga	枯竭油气藏型	东部	7.65	13.59	0.283
纽约州	Thomas Corners	Thomas Corners	枯竭油气藏型	东部	2.65	6.13	0.039
纽约州	Adrian	Adrian	枯竭油气藏型	东部	1.70	3.10	0.071
纽约州	Stagecoach	Widell Barnhart	枯竭油气藏型	东部	2.41	4.21	0.127

所属州	储存场所名称	储气库名称	类型	分布区	工作气量/亿 m³	总库容量/亿 m³	每日最大交付量/亿 m³
纽约州	North Greenwood	Oriskany	枯竭油气藏型	东部	2.18	5.42	0.046
纽约州	Honeoye	Honeoye	枯竭油气藏型	东部	0.67	2.41	0.008
纽约州	Dundee	Oriskany	枯竭油气藏型	东部	1.98	3.03	0.057
纽约州	Woodhull	Oriskany	枯竭油气藏型	东部	0.07	0.09	0.001
纽约州	Quinlan	Onondoga Reef	枯竭油气藏型	东部	0.87	1.30	0.003
俄亥俄州	Stark-Summit	Clinton	枯竭油气藏型	东部	6.37	9.80	0.099
俄亥俄州	Weaver	Clinton	枯竭油气藏型	东部	1.71	4.55	0.006
俄亥俄州	Gabor Wertz	Clinton	枯竭油气藏型	东部	0.04	0.20	0.004
俄亥俄州	Perry Storage	Clinton Sands	枯竭油气藏型	东部	0.25	0.78	0.014
俄亥俄州	Muskie Storage	Clinton Sands	枯竭油气藏型	东部	0.20	0.29	0.008
俄亥俄州	Zane Storage	Clinton Sands	枯竭油气藏型	东部	0.11	0.40	0.002
俄亥俄州	Chippewa	Clinton	枯竭油气藏型	东部	0.54	1.96	0.010
俄亥俄州	Benton	Clinton	枯竭油气藏型	东部	0.21	0.49	0.003
俄亥俄州	Wayne	Clinton	枯竭油气藏型	东部	0.32	1.06	0.006
俄亥俄州	Brinker	2ND Berea	枯竭油气藏型	东部	0.26	0.30	0.001
俄亥俄州	Lorain	Clinton	枯竭油气藏型	东部	11.33	22.65	0.144

所属州	储存场所名称	储气库名称	类型	分布区	工作气量/亿 m³	总库容量/亿 m³	每日最大交付量/亿 m³
俄亥俄州	Crawford	Clinton	枯竭油气藏型	东部	1.40	1.91	0.042
俄亥俄州	Lucas	Clinton	枯竭油气藏型	东部	0.26	0.71	0.005
俄亥俄州	Medina	Clinton	枯竭油气藏型	东部	0.09	0.30	0.002
俄亥俄州	Mcarthur	Clinton	枯竭油气藏型	东部	0.01	0.03	0.002
俄亥俄州	Guernsey	Oriskany	枯竭油气藏型	东部	0.01	0.05	0.001
俄亥俄州	Pavonia	Clinton	枯竭油气藏型	东部	0.83	1.48	0.008
俄亥俄州	Wellington	Clinton	枯竭油气藏型	东部	0.33	0.74	0.013
俄亥俄州	Laurel	Clinton	枯竭油气藏型	东部	0.34	0.81	0.011
俄亥俄州	Holmes	Clinton	枯竭油气藏型	东部	0.23	0.86	0.002
宾夕法尼亚州	Tioga	Oriskany	枯竭油气藏型	东部	1.31	3.80	0.025
宾夕法尼亚州	Donegal	Gordon ST	枯竭油气藏型	东部	0.08	0.91	0.005
宾夕法尼亚州	Oakford	Murrysville	枯竭油气藏型	东部	0.05	0.10	0.001
宾夕法尼亚州	Leidy Tamarack	Oriskany Sandst	枯竭油气藏型	东部	0.62	3.99	0.063
宾夕法尼亚州	Sharon	Oriskany	枯竭油气藏型	东部	3.34	9.43	0.076
宾夕法尼亚州	Sabinsville	Oriskany	枯竭油气藏型	东部	1.90	5.18	0.044
宾夕法尼亚州	South Bend	One Hundred Foo	枯竭油气藏型	东部	1.19	4.16	0.038

所属州	储存场所名称	储气库名称	类型	分布区	工作气量/亿 m³	总库容量/亿 m³	每日最大交付量/亿 m³
宾夕法尼亚州	Greenlick	Oriskany	枯竭油气藏型	东部	1.30	3.60	0.042
宾夕法尼亚州	North Summit	Chert	枯竭油气藏型	东部	8.03	17.97	0.099
宾夕法尼亚州	Ellisburg	Oriskany	枯竭油气藏型	东部	0.92	1.57	0.013
宾夕法尼亚州	Meeker	Oriskany	枯竭油气藏型	东部	11.59	17.56	0.214
宾夕法尼亚州	Bunola	Gantz Sand	枯竭油气藏型	东部	2.27	6.80	0.037
宾夕法尼亚州	Tepe	Fifth Sand	枯竭油气藏型	东部	0.56	1.10	0.010
宾夕法尼亚州	Finleyville	Fifth Sand	枯竭油气藏型	东部	1.48	3.60	0.035
宾夕法尼亚州	Pratt	Fifth Sand	枯竭油气藏型	东部	0.20	0.30	0.003
宾夕法尼亚州	Hunters Cave	Big Injun Sand	枯竭油气藏型	东部	0.05	0.10	0.001
宾夕法尼亚州	Swarts And SWAR	Fifty Foot Sand	枯竭油气藏型	东部	1.25	3.77	0.030
宾夕法尼亚州	Webster	Murrysville	枯竭油气藏型	东部	0.22	0.59	0.005
宾夕法尼亚州	Gamble Hayden	Bayard	枯竭油气藏型	东部	0.14	0.38	0.006
宾夕法尼亚州	Truittsburg	Bayard	枯竭油气藏型	东部	0.07	0.18	0.003
宾夕法尼亚州	Rager Mountain	Oriskany	枯竭油气藏型	东部	0.76	1.73	0.013
宾夕法尼亚州	East Branch Sto	Cooper	枯竭油气藏型	东部	0.36	0.82	0.008
宾夕法尼亚州	Belmouth Storag	Cooper	枯竭油气藏型	东部	0.85	2.18	0.011

所属州	储存场所名称	储气库名称	类型	分布区	工作气量 /亿 m³	总库容量 /亿 m³	每日最大交付量 /亿 m³
宾夕法尼亚州	Boone Mountain	5th Venango	枯竭油气藏型	东部	1.58	3.42	0.044
宾夕法尼亚州	Corry Storage	Medina	枯竭油气藏型	东部	0.37	1.08	0.007
宾夕法尼亚州	St Marys Storag	5th Venango	枯竭油气藏型	东部	1.18	2.35	0.024
宾夕法尼亚州	Galbraith Stora	1st Sheffield	枯竭油气藏型	东部	18.46	38.60	0.292
宾夕法尼亚州	Markle Storage	5th Venango	枯竭油气藏型	东部	0.57	1.25	0.012
宾夕法尼亚州	Wellendorf Stor	5th Venango	枯竭油气藏型	东部	1.00	1.70	0.017
宾夕法尼亚州	Swede Hill Stor	Tiona	枯竭油气藏型	东部	0.89	1.30	0.055
宾夕法尼亚州	Keelor Storage	Cooper	枯竭油气藏型	东部	0.67	1.44	0.008
宾夕法尼亚州	Ellisburg Stora	Oriskany	枯竭油气藏型	东部	0.61	1.08	0.008
宾夕法尼亚州	Wharton Storage	Oriskany	枯竭油气藏型	东部	4.81	6.17	0.071
宾夕法尼亚州	Henderson Stora	1 & 3 Venango	枯竭油气藏型	东部	3.25	7.08	0.054
宾夕法尼亚州	Summit Storage	Oriskany	枯竭油气藏型	东部	21.24	33.98	0.224
宾夕法尼亚州	Murrysville	Hundred Foot	枯竭油气藏型	东部	3.68	12.18	0.042
宾夕法尼亚州	Steckman Ridge	Oriskany	枯竭油气藏型	东部	24.28	39.93	0.340
宾夕法尼亚州	Hebron	Oriskany	枯竭油气藏型	东部	1.13	1.98	0.020
宾夕法尼亚州	Hughes	Hughes	枯竭油气藏型	东部	16.76	30.55	0.255

所属州	储存场所名称	储气库名称	类型	分布区	工作气量/亿 m³	总库容量/亿 m³	每日最大交付量/亿 m³
宾夕法尼亚州	Kinter	Kinter	枯竭油气藏型	东部	5.18	18.12	0.113
宾夕法尼亚州	Vardy	Vardy	枯竭油气藏型	东部	0.56	1.74	0.127
宾夕法尼亚州	Portman	Portman	枯竭油气藏型	东部	0.33	0.72	0.071
宾夕法尼亚州	Artemas A	Oriskany	枯竭油气藏型	东部	0.67	1.05	0.013
宾夕法尼亚州	Artemas B	Oriskany	枯竭油气藏型	东部	0.12	0.18	0.004
宾夕法尼亚州	Harrison	Oriskany	枯竭油气藏型	东部	13.38	18.19	0.440
弗吉尼亚州	Early Grove	Little Valley	枯竭油气藏型	东部	0.33	0.90	0.065
西弗吉尼亚州	Hardy	Oriskany	枯竭油气藏型	东部	3.23	8.49	0.034
西弗吉尼亚州	Kennedy Lost Cr	Gantz	枯竭油气藏型	东部	2.64	4.06	0.099
西弗吉尼亚州	Mobley	Big Injun Sand	枯竭油气藏型	东部	0.42	2.50	0.003
西弗吉尼亚州	Shirley	Keener Sand	枯竭油气藏型	东部	7.04	20.12	0.068
西弗吉尼亚州	Comet	Fifty Foot Sand	枯竭油气藏型	东部	3.06	7.85	0.031
西弗吉尼亚州	Skin Creek	Gordon Sand	枯竭油气藏型	东部	0.34	0.61	0.071
西弗吉尼亚州	Maple Lake	Fifty Foot Sand	枯竭油气藏型	东部	0.88	1.05	0.014
西弗吉尼亚州	Rhodes	Gantz Sand	枯竭油气藏型	东部	16.89	22.49	0.616
西弗吉尼亚州	Logansport	Keener Sand	枯竭油气藏型	东部	6.34	7.58	0.368

所属州	储存场所名称	储气库名称	类型	分布区	工作气量/亿 m³	总库容量/亿 m³	每日最大交付量/亿 m³
西弗吉尼亚州	Hayes	Keener Sand	枯竭油气藏型	东部	25.52	30.10	0.430
西弗吉尼亚州	Augusta	Oriskany Sand	枯竭油气藏型	东部	11.26	20.68	0.198
西弗吉尼亚州	Little Capon	Oriskany Sand	枯竭油气藏型	东部	4.58	5.91	0.127
西弗吉尼亚州	Racket New Bern	Gantz Sandstone	枯竭油气藏型	东部	1.11	2.06	0.011
西弗吉尼亚州	Bridgeport	Fifth Sand	枯竭油气藏型	东部	0.54	2.95	0.028
西弗吉尼亚州	Victory A	Maxton	枯竭油气藏型	东部	5.38	11.95	0.244
西弗吉尼亚州	Rockport	Oriskany	枯竭油气藏型	东部	4.13	5.51	0.060
西弗吉尼亚州	Coco A	Oriskany	枯竭油气藏型	东部	6.03	8.98	0.113
西弗吉尼亚州	Terra Alta	Chert Oriskany	枯竭油气藏型	东部	4.30	8.19	0.088
西弗吉尼亚州	Lanham	Big Lime	枯竭油气藏型	东部	3.99	5.38	0.062
西弗吉尼亚州	Terra Alta Sout	Chert Oriskany	枯竭油气藏型	东部	5.24	10.12	0.113
西弗吉尼亚州	Glady	Chert Oriskany	枯竭油气藏型	东部	2.32	3.80	0.127
西弗吉尼亚州	Heizer X-1	Big Lime	枯竭油气藏型	东部	1.98	6.54	0.245
西弗吉尼亚州	Raleigh City	Maxton	枯竭油气藏型	东部	4.34	5.62	0.057
西弗吉尼亚州	Coco C	Oriskany	枯竭油气藏型	东部	3.68	4.60	0.045
西弗吉尼亚州	Victory B	Maxton Big Inj	枯竭油气藏型	东部	0.18	0.25	0.005

所属州	储存场所名称	储气库名称	类型	分布区	工作气量 /亿 m³	总库容量 /亿 m³	每日最大交付量 /亿 m³
西弗吉尼亚州	Coco B	Oriskany	枯竭油气藏型	东部	0.41	0.67	0.006
西弗吉尼亚州	Hunt	Oriskany	枯竭油气藏型	东部	0.18	0.27	0.005
西弗吉尼亚州	Ripley	Oriskany	枯竭油气藏型	东部	5.01	8.81	0.116
科罗拉多州	Latigo	Dakota J	枯竭油气藏型	山区	7.15	8.18	0.085
科罗拉多州	Young	Dakota D Sand	枯竭油气藏型	山区	3.06	3.49	0.057
科罗拉多州	Fort Morgan	Dakota D	枯竭油气藏型	山区	4.26	4.91	0.071
科罗拉多州	Flank	Morrow And Cher	枯竭油气藏型	山区	1.42	1.63	0.057
科罗拉多州	Wolf Creek	Cozette	枯竭油气藏型	山区	13.33	15.32	0.198
科罗拉多州	Totem Storage	J Sand	枯竭油气藏型	山区	7.51	9.49	0.227
科罗拉多州	Fruita	Buckhorn	枯竭油气藏型	山区	6.40	14.75	0.071
科罗拉多州	Asbury	Dakota	枯竭油气藏型	山区	3.48	4.72	0.085
科罗拉多州	West Peetz	Lewi	枯竭油气藏型	山区	1.90	5.38	0.067
科罗拉多州	Roundup	J-Sand	枯竭油气藏型	山区	0.26	0.71	0.002
蒙大拿州	Dry Creek	Frontier Greybu	枯竭油气藏型	山区	0.28	0.52	0.007
蒙大拿州	Cobb	Moulton	枯竭油气藏型	山区	5.24	6.57	0.156
蒙大拿州	Box Elder	Eagle	枯竭油气藏型	山区	1.64	2.19	0.086

所属州	储存场所名称	储气库名称	类型	分布区	工作气量/亿 m³	总库容量/亿 m³	每日最大交付量/亿 m³
蒙大拿州	Baker	Judith River	枯竭油气藏型	山区	10.19	26.28	0.212
内布拉斯加州	Huntsman	Third Dakota J	枯竭油气藏型	山区	5.61	10.71	0.011
新墨西哥州	Washington Ranc	Morrow	枯竭油气藏型	山区	3.33	11.92	0.042
新墨西哥州	Grama Ridge	Morrow	枯竭油气藏型	山区	0.42	2.58	0.003
犹他州	Clay Basin	Dakota	枯竭油气藏型	山区	46.56	81.33	0.044
怀俄明州	Spire Storage	C	枯竭油气藏型	山区	3.58	9.87	0.059
怀俄明州	Belle Butte	Nuggett Sand	枯竭油气藏型	山区	12.47	19.43	0.071
怀俄明州	Bunker Hill	Shannon	枯竭油气藏型	山区	4.45	5.80	0.057
怀俄明州	Elk Basin	Cloverly	枯竭油气藏型	山区	1.08	1.81	0.016
怀俄明州	Oil Springs	Sundance	枯竭油气藏型	山区	2.07	3.34	0.015
怀俄明州	Kirk Ranch (Bob)	Cloverly	枯竭油气藏型	山区	0.81	1.89	0.014
加利福尼亚州	Los Medanos	Domengine	枯竭油气藏型	太平洋地区	1.11	2.54	0.031
加利福尼亚州	Pleasant Creek	Peters	枯竭油气藏型	太平洋地区	0.07	0.13	0.001
加利福尼亚州	Mcdonald Island	Mcdonald	枯竭油气藏型	太平洋地区	0.31	0.76	0.010
加利福尼亚州	Kirby Hills	Wagenet	枯竭油气藏型	太平洋地区	0.17	0.64	0.014
加利福尼亚州	Princeton Gas	Princeton Gas	枯竭油气藏型	太平洋地区	0.57	2.55	0.010

所属州	储存场所名称	储气库名称	类型	分布区	工作气量 /亿 m³	总库容量 /亿 m³	每日最大交付量 /亿 m³
加利福尼亚州	Wild Goose	L4	枯竭油气藏型	太平洋地区	0.31	1.25	0.007
加利福尼亚州	La Goleta	Vaqueros	枯竭油气藏型	太平洋地区	0.52	1.43	0.017
加利福尼亚州	Playa Del Rey	Puente	枯竭油气藏型	太平洋地区	2.80	6.51	0.019
加利福尼亚州	Aliso Canyon	Sesnon-Frew	枯竭油气藏型	太平洋地区	0.51	1.45	0.021
加利福尼亚州	Gill Ranch	Starkey	枯竭油气藏型	太平洋地区	0.27	0.81	0.009
加利福尼亚州	Lodi	Midland	枯竭油气藏型	太平洋地区	0.62	1.81	0.011
加利福尼亚州	Lodi	Domengine	枯竭油气藏型	太平洋地区	2.14	5.30	0.034
加利福尼亚州	Kirby Hills	Domengine	枯竭油气藏型	太平洋地区	0.97	1.97	0.113
加利福尼亚州	Honor Rancho	Wayside 13	枯竭油气藏型	太平洋地区	1.98	2.83	0.040
俄勒冈州	Mist	Meyer	枯竭油气藏型	太平洋地区	1.76	2.55	0.017
俄勒冈州	Mist	Busch	枯竭油气藏型	太平洋地区	7.02	8.65	0.142
俄勒冈州	Mist	Bruer	枯竭油气藏型	太平洋地区	0.33	0.91	0.002
俄勒冈州	Mist	Al's Pool	枯竭油气藏型	太平洋地区	1.92	3.24	0.020
俄勒冈州	Mist	Reichhold	枯竭油气藏型	太平洋地区	1.34	3.22	0.018
俄勒冈州	Mist	Flora	枯竭油气藏型	太平洋地区	5.83	10.17	0.101
俄勒冈州	Mist	Schlicker	枯竭油气藏型	太平洋地区	16.82	43.26	0.604

所属州	储存场所名称	储气库名称	类型	分布区	工作气量/亿 m^3	总库容量/亿 m^3	每日最大交付量/亿 m^3
俄勒冈州	Mist	Adams	枯竭油气藏型	太平洋地区	9.05	14.30	0.050
亚拉巴马州	East Detroit St		枯竭油气藏型	中南部	0.29	1.24	0.031
阿肯色州	Lone Elm	Stockt	枯竭油气藏型	中南部	0.31	0.79	0.005
阿肯色州	White Oak	Wools	枯竭油气藏型	中南部	0.10	0.26	0.001
堪萨斯州	Piqua	Colony	枯竭油气藏型	中南部	0.33	0.61	0.003
堪萨斯州	Fredonia	Cherryval E	枯竭油气藏型	中南部	1.06	3.63	0.155
堪萨斯州	Mclouth	Mclouth	枯竭油气藏型	中南部	2.34	4.93	0.031
堪萨斯州	Elk City	Burgess	枯竭油气藏型	中南部	0.96	2.17	0.012
堪萨斯州	South Welda	Colony	枯竭油气藏型	中南部	0.97	3.03	0.018
堪萨斯州	Alden	Misener	枯竭油气藏型	中南部	1.26	2.94	0.020
堪萨斯州	Colony	Colony	枯竭油气藏型	中南部	1.51	3.09	0.021
堪萨斯州	Borchers North	Morrow	枯竭油气藏型	中南部	1.01	2.07	0.010
堪萨斯州	Liberty North	Squirrel	枯竭油气藏型	中南部	7.67	14.02	0.081
堪萨斯州	Cunningham	Viola Simpson	枯竭油气藏型	中南部	2.52	6.54	0.044
堪萨斯州	Lyons	Arbuckle	枯竭油气藏型	中南部	2.91	6.60	0.048
堪萨斯州	Brehm	Simpson	枯竭油气藏型	中南部	3.09	6.14	0.019

所属州	储存场所名称	储气库名称	类型	分布区	工作气量 /亿 m³	总库容量 /亿 m³	每日最大交付量 /亿 m³
堪萨斯州	Boehm	Morrow G And Ke	枯竭油气藏型	中南部	17.62	25.60	0.189
堪萨斯州	Konold	Langdon Sand	枯竭油气藏型	中南部	3.57	5.95	0.102
堪萨斯州	Buffalo	Buffalo	枯竭油气藏型	中南部	3.54	12.01	0.057
堪萨斯州	North Welda	Colony	枯竭油气藏型	中南部	5.10	7.36	0.127
路易斯安那州	Cadeville	James Sand	枯竭油气藏型	中南部	0.99	5.13	0.014
路易斯安那州	West Unionville	Vaughn	枯竭油气藏型	中南部	4.25	6.36	0.057
路易斯安那州	East Unionville	Vaughn	枯竭油气藏型	中南部	2.81	3.74	0.012
路易斯安那州	Washington	Cockfield D San	枯竭油气藏型	中南部	6.62	13.24	0.177
路易斯安那州	Epps	Monroe Gas Rock	枯竭油气藏型	中南部	6.27	15.94	0.212
路易斯安那州	Bistineau Gas S	Pettit	枯竭油气藏型	中南部	3.57	6.68	0.087
路易斯安那州	Ruston	James	枯竭油气藏型	中南部	0.42	0.69	0.006
路易斯安那州	Bear Creek	Petit	枯竭油气藏型	中南部	0.09	0.23	0.008
密西西比州	Four Mile Creek	Carter B Sandst	枯竭油气藏型	中南部	1.15	1.82	0.030
密西西比州	Goodwin	Evans Sandstone	枯竭油气藏型	中南部	0.68	1.48	0.030
密西西比州	Amory	Carter	枯竭油气藏型	中南部	0.85	1.84	0.031
密西西比州	Caledonia	Carter	枯竭油气藏型	中南部	1.01	1.75	0.031

所属州	储存场所名称	储气库名称	类型	分布区	工作气量/亿 m³	总库容量/亿 m³	每日最大交付量/亿 m³
密西西比州	Jackson Gas Sto	Selma Chalk	枯竭油气藏型	中南部	0.30	0.46	0.010
密西西比州	Muldon	Chester Gas Poo	枯竭油气藏型	中南部	1.16	1.62	0.034
俄克拉何马州	Stuart Storage	Hartshorn E Sand	枯竭油气藏型	中南部	6.80	10.19	0.143
俄克拉何马州	Sayre	Panhandle-Dol	枯竭油气藏型	中南部	1.76	2.80	0.062
俄克拉何马州	Ada	Upper Cromwell	枯竭油气藏型	中南部	23.05	37.49	0.398
俄克拉何马州	Webb	Chat	枯竭油气藏型	中南部	17.33	32.06	0.347
俄克拉何马州	Wetumka	Channel Boch Sa	枯竭油气藏型	中南部	0.68	1.30	0.007
俄克拉何马州	North Hopeton	Hunton	枯竭油气藏型	中南部	5.15	10.09	0.147
俄克拉何马州	Salt Plains Sto	Tonkawa	枯竭油气藏型	中南部	1.65	4.91	0.057
俄克拉何马州	Haskell	Booch	枯竭油气藏型	中南部	8.16	15.82	0.301
俄克拉何马州	Edmond	Red Fork	枯竭油气藏型	中南部	3.26	6.51	0.085
俄克拉何马州	Depew	Dutcher	枯竭油气藏型	中南部	12.27	21.74	0.231
俄克拉何马州	Chiles Dome	Wapanucka	枯竭油气藏型	中南部	1.05	1.47	0.017
得克萨斯	Worsham Steed	Bend Conglomer A	枯竭油气藏型	中南部	1.07	2.07	0.051
得克萨斯	Hill Lake	Lake Sand	枯竭油气藏型	中南部	0.18	0.36	0.012
得克萨斯	Hilbig Gas Stor	Hilbig Unit	枯竭油气藏型	中南部	0.13	0.23	0.011

所属州	储存场所名称	储气库名称	类型	分布区	工作气量/亿 m³	总库容量/亿 m³	每日最大交付量/亿 m³
得克萨斯	Bammel	Cockfield 6200	枯竭油气藏型	中南部	1.13	2.63	0.018
得克萨斯	Tri-Cities	Bacon Lime And	枯竭油气藏型	中南部	0.87	1.90	0.010
得克萨斯	La-Pan	Chappel Lime	枯竭油气藏型	中南部	0.38	0.74	0.012
得克萨斯	New York Storag	Chappel Lime	枯竭油气藏型	中南部	0.18	0.28	0.003
得克萨斯	Lake Dallas	Strawn Sand	枯竭油气藏型	中南部	0.29	0.58	0.005
得克萨斯	Lone Camp(600)		枯竭油气藏型	中南部	2.23	3.29	0.051
得克萨斯	North Lansing	Rodessa-Young	枯竭油气藏型	中南部	1.27	3.91	0.016
得克萨斯	South Bryson	South Bryson	枯竭油气藏型	中南部	0.23	0.40	0.003
得克萨斯	West Clear Lake	Frio	枯竭油气藏型	中南部	0.26	0.58	0.004
得克萨斯	Katy Hub & Stor	Fulshear (Hille)	枯竭油气藏型	中南部	0.06	0.35	0.007
得克萨斯	Felmac	Yates	枯竭油气藏型	中南部	0.06	0.15	0.001
伊利诺伊州	Centralia	Petro	枯竭油气藏型	中西部	0.54	0.83	0.010
伊利诺伊州	Tilden	Cypress	枯竭油气藏型	中西部	0.04	0.09	0.003
伊利诺伊州	Hookdale	Benoist	枯竭油气藏型	中西部	0.13	0.32	0.002
伊利诺伊州	Eden	Cypress	枯竭油气藏型	中西部	0.08	0.31	0.002
伊利诺伊州	Freeburg	Cypress	枯竭油气藏型	中西部	0.68	1.12	0.023

所属州	储存场所名称	储气库名称	类型	分布区	工作气量 /亿 m³	总库容量 /亿 m³	每日最大交付量 /亿 m³
伊利诺伊州	Johnston City	Tar Springs	枯竭油气藏型	中西部	3.46	6.13	0.065
伊利诺伊州	Ashmore	Pennsylva Nian	枯竭油气藏型	中西部	4.53	8.89	0.085
伊利诺伊州	Mills	Tar Springs	枯竭油气藏型	中西部	0.71	1.50	0.009
伊利诺伊州	Loudon	Devonian	枯竭油气藏型	中西部	0.43	0.92	0.009
伊利诺伊州	Cooks Mills	Cypress Rosicl	枯竭油气藏型	中西部	3.40	5.01	0.085
印第安纳州	Alford	Cypress	枯竭油气藏型	中西部	4.90	8.30	0.137
印第安纳州	Oaktown	Stanton	枯竭油气藏型	中西部	0.01	0.02	0.002
印第安纳州	Oliver	Sebree	枯竭油气藏型	中西部	0.11	0.44	0.003
印第安纳州	Monroe City	Staunton	枯竭油气藏型	中西部	0.02	0.03	0.003
印第安纳州	Monroe City	Mansfield	枯竭油气藏型	中西部	0.03	0.05	0.004
印第安纳州	Oliver	Staunton	枯竭油气藏型	中西部	2.48	4.09	0.071
印第安纳州	Midway	Tar Springs	枯竭油气藏型	中西部	0.37	0.61	0.012
印第安纳州	White River	Cypress Sand	枯竭油气藏型	中西部	5.87	9.66	0.129
印第安纳州	Hindustan	Muscatatu Ck	枯竭油气藏型	中西部	0.51	0.68	0.003
印第安纳州	Unionville	Muscatatu Ck	枯竭油气藏型	中西部	7.60	11.72	0.142
肯塔基州	Bon Harbor	Mississippia N	枯竭油气藏型	中西部	2.80	4.11	0.099

所属州	储存场所名称	储气库名称	类型	分布区	工作气量/亿 m³	总库容量/亿 m³	每日最大交付量/亿 m³
肯塔基州	Hickory	Mississippia N	枯竭油气藏型	中西部	1.13	1.70	0.031
肯塔基州	Kirkwood	Mississippia N	枯竭油气藏型	中西部	14.87	33.41	0.340
肯塔基州	Grandview	Mississippia N	枯竭油气藏型	中西部	7.84	10.21	0.116
肯塔基州	Stcharles	Mississippia N	枯竭油气藏型	中西部	0.96	1.27	0.034
肯塔基州	Barnsley	Bethel	枯竭油气藏型	中西部	1.59	2.18	0.043
肯塔基州	Dixie	Aberdeen	枯竭油气藏型	中西部	0.83	1.20	0.043
肯塔基州	Hanson	Tar Springs	枯竭油气藏型	中西部	27.18	44.17	0.351
肯塔基州	Graham Lake	Tar Springs	枯竭油气藏型	中西部	1.41	2.66	0.050
肯塔基州	West Greenville	Bethel	枯竭油气藏型	中西部	6.65	8.86	0.198
肯塔基州	Midland	Bethel	枯竭油气藏型	中西部	0.53	1.13	0.023
肯塔基州	Magnolia Deep	Magnolia Deep	枯竭油气藏型	中西部	15.28	34.04	0.217
肯塔基州	Magnolia Upper	Magnolia Upper	枯竭油气藏型	中西部	0.40	0.93	0.006
肯塔基州	Muldraugh	Muldraug H	枯竭油气藏型	中西部	3.48	8.38	0.048
肯塔基州	Center	Center	枯竭油气藏型	中西部	25.35	47.44	0.345
肯塔基州	East Diamond	Bethel Sandston	枯竭油气藏型	中西部	1.32	2.10	0.035
密歇根州	Ira	Salina Niagaran	枯竭油气藏型	中西部	0.54	1.08	0.008

所属州	储存场所名称	储气库名称	类型	分布区	工作气量 /亿 m³	总库容量 /亿 m³	每日最大交付量 /亿 m³
密歇根州	Northville	Salina Niagaran	枯竭油气藏型	中西部	0.32	0.61	0.010
密歇根州	Four Corners	Salina Niagaran	枯竭油气藏型	中西部	0.28	0.68	0.004
密歇根州	Swan Creek	Salina Niagaran	枯竭油气藏型	中西部	1.29	2.75	0.024
密歇根州	Ray	Salina Niagaran	枯竭油气藏型	中西部	0.63	1.05	0.014
密歇根州	Lenox	Salina Niagaran	枯竭油气藏型	中西部	0.04	0.05	0.002
密歇根州	Salem	A-2 Carbonate	枯竭油气藏型	中西部	1.18	2.33	0.023
密歇根州	Puttygut	Salina Niagaran	枯竭油气藏型	中西部	1.08	2.31	0.032
密歇根州	Riverside	Michigan Stray	枯竭油气藏型	中西部	6.68	11.08	0.117
密歇根州	Winterfield	Michigan Stray	枯竭油气藏型	中西部	4.16	12.31	0.060
密歇根州	Cranberry Lake	Michigan Stray	枯竭油气藏型	中西部	0.64	1.42	0.013
密歇根州	Lyon 29	Niagaran Reef	枯竭油气藏型	中西部	1.54	4.93	0.019
密歇根州	Lee 8	Niagaran	枯竭油气藏型	中西部	3.63	8.83	0.092
密歇根州	Belle River	Niagaran	枯竭油气藏型	中西部	0.77	0.89	0.013
密歇根州	West Columbus	Niagaran-Guelph	枯竭油气藏型	中西部	0.19	0.44	0.005
密歇根州	Washington 10 C	Niagaran	枯竭油气藏型	中西部	2.45	5.32	0.039
密歇根州	Taggart	Michigan Stray	枯竭油气藏型	中西部	3.96	7.11	0.047

所属州	储存场所名称	储气库名称	类型	分布区	工作气量 /亿 m³	总库容量 /亿 m³	每日最大交付量 /亿 m³
密歇根州	Columbus	Niagaran-Guelph	枯竭油气藏型	中西部	1.07	2.75	0.044
密歇根州	Partello	Cal-Lee	枯竭油气藏型	中西部	0.48	1.74	0.004
密歇根州	Winfield	Michigan Stray	枯竭油气藏型	中西部	2.83	7.09	0.024
密歇根州	Loreed	Reed City Dolom	枯竭油气藏型	中西部	1.13	2.27	0.014
密歇根州	South Chester 1	Salina A-1	枯竭油气藏型	中西部	9.86	15.02	0.136
密歇根州	Goodwell	Michigan Stray	枯竭油气藏型	中西部	0.24	0.57	0.001
密歇根州	Reed City	Michigan Stray	枯竭油气藏型	中西部	8.04	17.90	0.038
密歇根州	Central Charlto	Salina A-1	枯竭油气藏型	中西部	1.23	5.27	0.008
密歇根州	Lincoln-Freeman	Michigan Stray	枯竭油气藏型	中西部	0.15	0.42	0.001
密歇根州	Muttonville	Salina A-1	枯竭油气藏型	中西部	3.68	4.60	0.045
密歇根州	Austin	Michigan Stray	枯竭油气藏型	中西部	0.18	0.25	0.005
密歇根州	Cold Springs 1	Cold Springs 1	枯竭油气藏型	中西部	0.41	0.67	0.006
密歇根州	Eaton Rapids	Eaton Rapids	枯竭油气藏型	中西部	0.18	0.27	0.005
密歇根州	Lee 2	Harris 1-2	枯竭油气藏型	中西部	5.01	8.81	0.116
密歇根州	Collins Field	Collins Field	枯竭油气藏型	中西部	7.15	8.18	0.085
密歇根州	Lee 11	Watson Odell	枯竭油气藏型	中西部	3.06	3.49	0.057

所属州	储存场所名称	储气库名称	类型	分布区	工作气量 /亿 m³	总库容量 /亿 m³	每日最大交付量 /亿 m³
密歇根州	Howell	Guelph	枯竭油气藏型	中西部	4.26	4.91	0.071
密歇根州	Cold Springs 12	Cold Springs 12	枯竭油气藏型	中西部	1.42	1.63	0.057
密歇根州	Excelsior 6	Excelsior 6	枯竭油气藏型	中西部	13.33	15.32	0.198
密歇根州	Rapid River 35	Rapid River 35	枯竭油气藏型	中西部	7.51	9.49	0.227
密歇根州	Cold Springs 31	Cold Springs 31	枯竭油气藏型	中西部	6.40	14.75	0.071
密歇根州	Blue Lake 18-A	Blue Lake 18-A	枯竭油气藏型	中西部	3.48	4.72	0.085
密歇根州	Bluewater Gas S	Columbus Ⅲ	枯竭油气藏型	中西部	1.90	5.38	0.067
密歇根州	Overisel	A-2 Carbonate	枯竭油气藏型	中西部	0.26	0.71	0.002
密歇根州	Hessen	Niagaran	枯竭油气藏型	中西部	0.28	0.52	0.007
田纳西州	Indian Creek	Fort Payne	枯竭油气藏型	中西部	1.41	2.66	0.050

附表 A.2 加拿大

位置	储气库名称	经营者	工作气量 /亿 m³	投产时间
不列颠哥伦比亚省	Aitken Creek	FortisBC	26.90	1988
阿尔伯塔省	Dismdale	Ranchwest Energy	23.79	
阿尔伯塔省	AECO Suffield	Niska Gas Storage	23.79	1988
阿尔伯塔省	AECO Countess	Niska Gas Storage	20.11	2003

位置	储气库名称	经营者	工作气量 /亿 m³	投产时间
阿尔伯塔省	Edson-Big Eddy	Trans Canada Pipelines Ltd	17.84	2005
阿尔伯塔省	Crossfield East	CrossAlta Gas Storage	11.89	1993
阿尔伯塔省	Carbon	ATCO Energy Solutions	11.61	1968
阿尔伯塔省	Wayne-Rosedale	ATCO Midstream	11.33	1968
阿尔伯塔省	Carrot Creek	Iberdrola Canada Energy Services Ltd	9.91	1997
阿尔伯塔省	Brazeau River-Rat Creek	Wild Rose Energy Ltd	9.34	2013
阿尔伯塔省	Hussar-Severn Creek	Husky Oil Operations Ltd	4.25	
阿尔伯塔省	Mcleod	Iberdrola Canada Energy Services Ltd	2.83	
萨斯喀彻温省	Bayhurst	Bayhurst	3.40	1981
萨斯喀彻温省	Unity	TransGas	1.70	1959
魁北克省	Pointe-du-Lac	Intragaz	0.28	1990
魁北克省	Saint-Flavien	Intragaz	1.13	1998
安大略省	Dawn 156	Union Gas Limited	7.65	
安大略省	Kimball-Colinville	Enbridge	9.63	1965
安大略省	Dow Moore 3-21-XIII	Enbridge	7.65	1988
安大略省	Payne	Union Gas Limited	7.08	1957
安大略省	Bickford	Union Gas Limited	5.95	1972
安大略省	Sarnia Airport	Union Gas Limited	3.96	
安大略省	Seckerton North	Enbridge	3.68	1964
安大略省	Terminus	Union Gas Limited	3.11	1975
安大略省	Waubuno	Union Gas Limited	2.83	1960
安大略省	Wilkesport	Enbridge	2.27	1978
安大略省	Dow Sarnia A 1-8-A	Union Gas Limited	1.70	1992
安大略省	Ladysmith	Enbridge	1.70	1999
安大略省	Dawn 59-85	Union Gas Limited	1.70	
安大略省	Bentpath	Union Gas Limited	1.42	1974
安大略省	Bentpath East 1-27-VI	Union Gas Limited	1.42	1999
安大略省	Dawn 167	Union Gas Limited	1.42	
安大略省	Corunna	Enbridge	1.42	1964
安大略省	Sombra	Union Gas Limited	1.42	1990

位置	储气库名称	经营者	工作气量/亿 m^3	投产时间
安大略省	Oil Springs East	Union Gas Limited	1.13	1990
安大略省	Coveny	Enbridge	1.13	1997
安大略省	Dawn 47-79	Union Gas Limited	1.13	
安大略省	Mandaumin	Union Gas Limited	1.13	2000
安大略省	Rosedale	Union Gas Limited	0.85	
安大略省	Enniskillen 28	Union Gas Limited	0.85	1989
安大略省	Chatham 7-17-XII	Enbridge	0.57	1998
安大略省	Booth Creek 7-28-V	Union Gas Limited	0.57	1999
安大略省	Edys Mills	Union Gas Limited	0.57	1993
安大略省	Oil City	Union Gas Limited	0.57	2000
安大略省	Bluewater 5-3	Union Gas Limited	0.57	2000
安大略省	Sombra 2-23-XII	Union Gas Limited	0.28	1990
安大略省	St. Clair 7-A-XI	Union Gas Limited	0.14	
安大略省	Crowland	Enbridge	0.14	1962

附录 B

储气库事故记录

B.1 枯竭油气藏型储气库事故

B.1.1 美国加利福尼亚州，Fairfax 和 Belmont，1985 年、1989 年、1999 年、2001 年

1985 年 3 月和 1989 年，美国加利福尼亚州洛杉矶县 Fairfax（费尔法克斯）油田都证明了天然气渗入地表有危险。该区域覆盖了盐湖油田的一部分，该油田曾经由 400 多口井开发。该油田在很大程度上被废弃，但在 1962 年通过倾斜钻井进行了重新开发，此后继续生产石油、盐水和天然气。1980 年后，水被重新注入油田。1985 年 3 月，罗斯百货公司地下室积聚的甲烷点燃并引发爆炸，造成 23 人受伤。大火也沿着附近形成的表面裂缝蔓延。逸出的气体来自该地区正下方的油田，并沿着至少两口井和第三街断层向上迁移，到达百货公司下方的地面。其中一口井是废弃的老垂直井，但另一口井是相对现代的倾斜井，被发现在 366m 以下遭受腐蚀。气体通过大约 15m 处的一个浅的"收集区域"泄漏到地表，并继续通过人行道和周围区域逸出，在爆炸后燃烧了许多天。在附近的一所学校也发现了高浓度的气体。

1989 年 2 月 7 日，在 1985 年爆炸的街对面发生了一个非常相似的气体泄漏事故。泄漏原因是老旧的腐蚀井、堵塞的通风井和正在进行的油气生产。迅速的行动和安全措施防止了 1985 年火灾和爆炸的重演。1985 年和 1989 年 Fairfax 泄漏事故是将油田废水回注到油田进行废物处理或二次回收作业而引起的。这导致了地层压力增加，将气体从完井不良的或者有腐蚀和恶化钢套管的水泥老井中排出。有人认为，不断增加的压力也会周期性地导致气体沿着第三大街断层迁移，这进一步加剧了气体的泄漏。

1999 年，在 La Brea Tar 坑以南的 Wilshire 街和 Curson 街的交叉口（距离

Fairfax 事故约 1.6km）发现了另一起泄漏，并具有潜在的重大危险。再次表明，在废弃旧井的地区开发的高密度商业建筑，需要安装专门的通风设备，以防止气体的积累和爆炸。

在洛杉矶西北部市中心耗资 2 亿美元的贝尔蒙特高中（Belmont High School）开发过程中，发现了有关天然气迁移的新问题。此高中的建设构思于 1985 年，饱受延误的困扰，终于在 1997 年开工建设，但由于在工地土壤中发现高浓度甲烷而停工。天然气来自洛杉矶油田，围绕学校能否安全完工的争议甚嚣尘上。地质调查显示，学校场地下方存在一个断层，可能提供了一条通往地表的通道。该地区 1890 年左右的档案照片显示了被石油井架覆盖的山丘，其中大部分地点没有记录，油田开发遗址后来被房屋、商业场所和学校覆盖。尽管存在重新开工的压力，但 2000 年 1 月仍做出了放弃学校建设的决定。

2001 年，为了提高采收率，开始向南盐湖油田的产油层注入高压天然气。然而，2003 年 1 月，在阿伦代尔和奥林匹克大道附近的 Fairfax 地区发现了严重的煤气泄漏问题。在有官方记录之前，天然气一直沿着废弃和完工不全的油井泄漏到地面。由于许多井的存在和废弃状况未知，所以在这些井上开发了高密度住房（主要是公寓楼）。

B.1.2 美国加利福尼亚州，Montebello，20 世纪 90 年代

当考虑到 Montebello 和 Playa del Rey（PDR）油田储气设施的事故时，Fairfax 和 Belmont 的天然气泄漏尤其值得关注。此外，Montebello 和 PDR 油田有着悠久的油气勘探和生产历史，其中包括数十年前钻了数百口未受监管（或监测）的作业井或废弃的油气井。这些井中有许多是在今天严格的钻井和完井标准实施或应用之前钻的。

在 Montebello 的案例中，天然气在大约 2286m 的深度被注入，随后发现沿着旧井泄漏到地面。同样地，许多旧井是在 20 世纪 30 年代钻探的。调查显示，老井套管和水泥无法应对压力的增加，使得高压气体进入老井，并迁移到较浅的深度，但不能到达地面。这导致该设施最终在 2003 年关闭。

B.1.3 美国加利福尼亚州，Playa del Rey 储气库，2003 年

PDR 油田位于洛杉矶盆地西部，洛杉矶市中心西南偏西约 17.7km（11mile），圣莫尼卡山脉以南约 8.05km（5mile），南部帕洛斯维德半岛丘陵以北 8.05km（5mile）。PDR 油田的 177 口发现井由俄亥俄石油公司于 1929 年钻

探。1934 年至 1935 年间又钻探了 50 口，历史上该区域曾密布石油井架，整个油田正在运营或废弃的油气井的确切总数不得而知，但大约在 200～300 口之间。PDR 油田很快枯竭，1942 年，作为战时储备的一部分，它被改建为天然气储存设施，1943 年 6 月开始全面运营。PDR 继续用作储存设施，自 1945 年起一直由南加州天然气公司（SoCalGas）运营。该储气田通过 54 口定向井进行作业：其中 25 口为注采井；8 口为排液井；3 口为侧向运移井，用于控制气体运动；18 口为观测井，用于监测压力和液体饱和度。

在油田内部，高甲烷浓度区域呈现南北线性趋势（长 518m，宽 61m）。在潜在的储存区存在一个向下的断层（林肯大道断层），与气藏中甲烷的大量泄漏有关。气藏与断层在 1830m 左右相交，并沿一条可渗透的垂直运移通道到达近地表，然后聚积在浅层砾石床中。然而，故障的存在受到了质疑。

自 20 世纪 90 年代以来，PDR 地区一直是人们关注的焦点，因为位于 PDR 油田上方的威尼斯、巴洛纳河和 PDR 地区的土地被考虑用于主要城市开发。枯竭油田是洛杉矶地区半径 64.4km（40mile）范围内运营的五个储气设施之一。有大量文件记录了气体泄漏到钻井平台地面的情况，在普通钻井平台和多学科设计研究区域的 11 口井中记录了泄漏和地面渗漏。在码头和巴洛纳河/海峡的水域以及暴雨后的静水中，也可以看到气体在冒泡。一些油井位于浅湖中，可以看到气体沿着旧的油井套管向上冒泡。对巴洛纳河和其他泄漏处气体的分析表明，气体正从地下深处向上渗出。

土地用途的改变不可避免地导致了一些问题。PDR 地区是一场正在进行的重大"战役"的中心，这场"战役"旨在阻止油田上大型住宅项目的开发。在实际开始挖掘住房开发项目时，发现直到 1993 年才为项目让路而废弃的油井在渗漏。房屋都是在旧油井上建造的，人们只是为了重新密封水井而做了少量工作。也有人试图安装一种薄膜来阻止气体进入建筑物。调查显示，从最早的注气操作开始，就有天然气从储层泄漏，流入毗邻的威尼斯储层，并且向上泄漏，迁移到地表以下 610～915m 之间的中间砂岩层（皮可砂层）。从这里，它找到了进入"50ft（0.015km）砾石区"（洛杉矶河床沉积物）的途径，通过裂缝和旧的废弃和加盖的井（这些井都具有破裂或被腐蚀了的套管和水泥）到达地面。在砾石区，流速可能高达 20～30L/min。据估计，由于 PDR 油田储存的天然气不受控制的迁移和渗漏到大气中而造成的气体损失量约为 280 万 m^3/a。

开发项目的反对者也引用了 20 世纪 50 年代的公司报告，表明数百万立方英尺（数万立方米）的天然气已经消失。此外，将一些较大建筑物的桩基打至 15m 以下，穿过固结不良的河流阶地和湿地沼泽沉积物，进入坚固的岩石，可以为气体的迁移提供更多的通道。因此，反对派团体提到 Fairfax 和 Belmont 事故，强调天然气渗漏问题和爆炸危险，以及该地区的老井和可能的未知断层，是放弃任何进一步开发的原因。因此，与 PDR 储气设施相关的问题与其说是之前发生的臭名昭著的泄漏和爆炸事故，不如说是潜在的灾难。住房项目开发和相关问题清楚地突出了城市侵入历史上为油气田作业保留的区域所遇到的困难，不仅仅是在洛杉矶盆地内，而是在任何有石油生产历史的地方。

在 Playa del Rey 的 SoCal 储气库，有一起记录在案的储存天然气泄漏的事故。事故发生在 2003 年 4 月 2 日早上 6 点 10 分左右，当时机械阀门故障导致气体与一些积聚的石油混合物泄漏，泄漏持续了 25 分钟，导致汽车、街道和住宅被棕色残渣覆盖。当地居民描述有巨大的声响，油气混合物喷至高达 30cm。SoCalGas 称这是 60 年运行历史中的第一次此类事故，起因是压缩机故障后触发了排放气体的安全机制。

B.1.4　美国加利福尼亚州，East Whittier，20 世纪 70 年代

East Whittier 油田位于加利福尼亚州东部 Montebello 油田旁边，于 1917 年被发现，并于 1952 年被改造为储气设施。该设施由 SoCalGas 运营，为储存和提取天然气，还钻了额外的井。虽然没有报道 East Whittier 设施的地面泄漏，但在 20 世纪 70 年代发现，储存气体已经从 SoCalGas 租赁区内的原始储存区迁移到相邻的租赁区，并被另一家公司采出和销售。注气于 1986 年左右停止，注气设施于 1992 年拆除并从现场移走。2003 年，随着 Montebello 储存设施的关闭，SoCalGas 继续抽取天然气，直到最终关闭和放弃该场地。

B.1.5　美国加利福尼亚州，El Segundo，20 世纪 70 年代

位于洛杉矶西南的 El Segundo 油田代表了一个断层背斜圈闭，两个不同的堆积体被一条西北走向的断层带隔开。第一口井是 1935 年在断裂带以东钻探的，在大约 915m 深的中新世 Basal Schist 砾岩中开采出石油。油田西部的开采始于 1937 年，开采深度约为 2210m。在 El Segundo 油田的开发中，钻了 66 口井，相邻井的产量差异很大。

在 20 世纪 70 年代早期，天然气储存在此处枯竭的油藏中。然而，在附近建设住宅时，在土壤中检测到了天然气，这表明，天然气已经从储层中迁移出来。为了防止危险的气体积聚，施工被暂停，并安装了一个被动通风系统。最终决定关闭该储存设施。

B.1.6 美国加利福尼亚州，Castaic Hills 和 Honor Rancho 储气库

Castaic Hills 和 Honor Rancho 储气库位于加州洛杉矶县文图拉东部的油田群中，两个都是枯竭的油藏改造成的储气库，由南加州天然气公司（SoCalGas）运营。值得注意的是，在 Honor Rancho 油田、相邻油田和周边地区已经钻了几百口探测井和开发井。

1975 年，SoCalGas 从雪佛龙德士古手中收购了 Honor Rancho 油田的东南部地区，并将该油田改造为在 Wayside 13 砂岩中储存天然气的储气库。它被重新命名为 Honor Rancho 储气库，储存区有 38 口井已完成：分别是 23 口注采结合井，8 口采气井和 7 口气举井（WEZU-13A 在储存区外完成，WEZU-C4 封堵闲置）。从雪佛龙德士古公司收购的所有油井都进行了返修，SoCalGas 钻探了 17 口注采组合井。每口井都配备了井口安全关闭系统和侧向管道，可用于远程关井。

Castaic Hills 油田位于 Honor Rancho 油田的西侧，具有相似的构造位置和储集层特征。油藏枯竭后，用于储气。然而，从 Honor Rancho 和 Tapia 气田生产的天然气的化学成分与 Castaic 注入的天然气相似，这表明天然气正在从储气藏中运移出来，向东进入较浅深度的 Honor Rancho 和 Tapia 气田的生产气藏。沿着断层表面的枯死橡树表明，气体随后通过断层运移到地表。到目前为止，还没有发现对人类有任何不利影响的报告。

B.1.7 美国加利福尼亚州，McDonald，1974 年、1993 年

McDonald 岛储气设施是由太平洋天然气和电力公司（PG&E）运营的枯竭气藏型储气库，位于上述洛杉矶储气库以北约 579.4km（360mile）处。该设施是 PG&E 公司最大的地下储气库，在寒冷的冬季为 PG&E 公司服务区域提供约 25% 的可用天然气供应。储气库现场有地面气体处理、压缩和计量设施，用于从储气库注入和抽出气体。

McDonald 岛气田于 1936 年由标准石油公司发现，从始新世早期（新生代）砂岩中开采天然气，砂岩顶部位于地下 1670m 处。该油田是一个相对简单的 NNW 向断背斜，初始井口压力为 14.38MPa（2086psi，表压）。从 1937 年到 1958 年 2 月，又钻了五口井，到那时压力已经下降到 3.10MPa（450psi，表压）。此后，又钻探了五口井，并将气田改建为储气库，并于 1958 年 12 月 11 日将气田所有权转让给 PG&E 公司。该储气库存储容量约为 33.4 亿 m³。

虽然报道有限，但该设施已发生两起起火或爆炸事故。第一起事故发生在

1974 年，由此引发的火灾估计在 19 天内消耗了 0.42 亿 m³ 的天然气。

第二次爆炸发生在 1993 年 10 月 1 日，爆炸的巨响在 32.2km（20mile）外都能听到。这起事故是由一个天然气脱水装置的爆炸引起的，天然气在注入之前和从储存中取出后都要在那里进行处理。事故产生的碎片被抛到 1.61km（1mile）之外，对这段距离内的财产、汽车和船只都造成了损害。该事故造成了40% 的生产损失，200 万美元的场地损失和 5 万美元的第三方损失。随后的火灾被该设施的自动灭火系统扑灭。

B.1.8 美国伊利诺伊州，UGS 设施，1997 年

关于 1997 年 2 月 7 日在伊利诺伊州南部一个地下储气田上方的一个油井钻探地点发生的爆炸和火灾，法庭上有粗略的报道。根据法庭案卷，原告 Petco 石油公司为了寻找石油钻探 Orville Mills 6 号井场（由被告 Bergman Petroleum 所有），为了确保现场安全，在钻井开始之前没有对井场进行检查。后来的检查显示，油井不安全，但钻探并未停止。天然气通过该地区的砂岩运移。1997 年 2 月 7 日，天然气从井中喷发，导致爆炸起火。原告三名雇员均在爆炸中受伤，他们辩称，爆炸发生是因为被告未遵守适用的安全法规；现场没有有效的防喷器密封油井；未能纠正现场不安全的钻探做法；指示 Petco 员工不顾已知和迫在眉睫的危险情况继续钻探。

这起案件被驳回，因为原告没有提出足够的事实，以提高被告的责任而确保工作场所的安全，且未能证明被告充分违反该责任。

B.1.9 美国路易斯安那州，Epps 储气库

Epps 天然气储存设施由 Trunkline Gas 公司运营，是一个枯竭气田改造的储气设施，位于路易斯安那州东北部的埃普斯和西部卡罗尔教区的南埃普斯两个不同的气田。埃普斯气田于 1928 年被发现，1928 年至 1973 年间，从大约 700m 深的门罗气岩中产出天然气。路易斯安那州东北部的门罗气岩（MGR）代表着海湾中北部省份中生代碳酸盐台地发展的最后阶段。1954 年，在原气田西南部发现了另一个气田，也是从门罗气岩开采的气田。这个被称为南埃普斯（South Epps）的气田一直生产到 1972 年。这两个气田的枯竭导致 1973 年天然气生产停止，当时 Trunkline Gas 公司将这两个气田都改造成了天然气储存设施。从 1979 年开始注入并储存天然气，1984 年至 1987 年，在西部地区钻了 11 口生产井，到 1989 年，这些井的天然气吞吐量已超过 5660 万 m³。

然而，该气田采出天然气的化学成分分析显示，随着时间的推移，一些西部

天然气生产井的天然气的化学成分和同位素组成已经从天然气体转变为储存气体。这意味着西部地区生产的大部分天然气不是天然的天然气，而是由储气库迁移到西部地区的储存天然气。经过 1990 年的进一步研究，重新界定了储存区的边界，并将这些生产井包括在内，从而保护了储气项目的完整性。

B.1.10 英国北海南部，Rough 储气库，2006 年

2006 年 2 月 16 日，北海南部 Rough 天然气储存设施的 Bravo 3B 平台发生爆炸，随后发生火灾。该储气设施位于东约克郡海岸 Withernsea 附近 32.2km（20mile）处，最初是在 1975 年 10 月开发的 Rough 气田，用于从海床下约 2750m 的 Permian Rotleigend 砂岩储层中生产天然气。

爆炸发生在上午 10 时 30 分左右，导致 31 名工人被疏散，其中 2 人被烧伤并吸入烟雾，在医院接受治疗。当火被扑灭的时候，还有 25 名重要的工作人员留在了平台上。Bravo 和 Alpha 平台停止生产，同时对 Bravo 平台进行降压并确保操作安全。在 2006 年 5 月发布的调查报告中指出，导致爆炸的原因似乎涉及四个乙二醇脱水装置中的一个运行紧密的管壳式换热器（冷却器装置）的灾难性故障。

B.1.11 美国科罗拉多州，Fort Morgan，2006 年

科罗拉多州州际天然气公司（CIG）是 El Paso 公司的一部分，也是科罗拉多州摩根县 Fort Morgan 储气库的运营商。该公司宣布，在 2006 年 10 月 22 日，其存储设施发生了气井泄漏。该设施在泄漏后关闭了一个星期，在 11 月 9 日恢复了运行。

这块地是洛基山脉地区的 5 块地之一，占地约 1303hm^2 [3220acre（英亩）]，最初于 1954 年被发现。1966 年，经过 10～12 年的生产，它被改造为储气库，34 口井储存了近 4.248 亿 m^3 的天然气。在 Fort Morgan 和 Front Range 沿线，该天然气储库发挥着重要作用，为家庭、学校、企业、医院和发电厂提供天然气。

2006 年 10 月 22 日下午 12 点 30 分左右，CIG 和 El Paso 都收到了天然气冒出水面的报告。周围的道路立即关闭，10 月 23 日开始对泄漏进行调查，并对气井进行系统测试，以确定天然气泄漏的位置。甲烷已泄漏到含水层中，人们担心甲烷可能会进入有井水的房屋并遇到点火源。在泄漏半径 1600m 范围内使用水井的 13 户家庭被疏散，并被安置在当地的汽车旅馆住宿。在 26 日，除了离井最近的两座房子外，所有房屋的居民都被允许返回家园；11 月 9 日，剩下的两个家庭仍然住在汽车旅馆里。

初步调查显示，泄漏源位于气田中部的 26 号井深约 1600m 处。泄漏的气体从井中向上移动，并通过一个中间层从储气设施的西南和东南两个大致区域排出到地面。泄漏发生后，每天对气井压力进行两次检测，结果表明没有其他气井发生泄漏。

B.1.12　德国巴伐利亚州，Breitbrunn/Eggstatt 储气库，2003 年

德国巴伐利亚州的 Breitbrunn/Eggstatt 气田于 1975 年被发现，由四个砂岩储层通过四口竖井开采。1993 年停止生产，随后钻了 6 口水平井，将最上面的储层转化为储气库，使储气能力增加了一倍，达到 1.085 亿 m³。因为冬季天然气需求量的增加，两个较深的储层最终被转换为储气库，以增加储气能力。

2003 年，在 Breitbrun 21 储气井发现异常压力，表明完井时发生了泄漏。为了调查和定位潜在的泄漏点，在 2003 年 6 月和 10 月进行了光纤温度测量。测量结果显示，在 586m 深处出现了显著的温度异常。同时根据油管列表，发现此深度恰有一个管接头，最后使用密封套筒修复此泄漏点，本次修复为其他地区的天然气和储气井作业公司提供了气井泄漏修复经验。

B.1.13　美国得克萨斯州，Bammel 油田；英国南约克郡，Hatfield Moors 气田

尽管不是严格意义上的储气事故，但美国得克萨斯州的 Bammel 油田和英国南约克郡的 Hatfield Moors 气田提供了运营气田重大井喷的例子，这些气田后来被改造成成功的储气设施。

在 1942 年至 1945 年间，美国得克萨斯州哈里斯县 Bammel 油田的一口油气井发生了一次壮观的井喷。20 世纪 60 年代中期，石油和天然气储量枯竭后，位于休斯敦西北部的 Bammel 油田被改造为地下天然气储存库，是北美最大的地下油气藏储气库之一。由于泄漏，周围的淡水含水层受到来自油井的石油和天然气的严重污染。

英国的 Hatfield Moors 气田于 1981 年 12 月在钻探 Hatfield Moors 1 号勘探井时偶然发现其处于 Westphalian B Oaks 岩石砂岩地层，该井已达到 483.7m（1587ft）的深度。在更换钻头的操作过程中，天然气逸出并被点燃。没有人员伤亡，但随后的火灾摧毁了钻井台，直到爆炸后 38 天才完全控制火灾，此次火灾中消耗了约 0.283 亿 m³ 的气体。在 Oaks Rock 地层的许多煤矿和已经穿透这一地区的浅层地层的几个石油钻探孔中，从前还没有发现过天然气。Hatfield Moors 气田经过数年的成功开发和生产，于 2000 年被改造为天然气储存设施。

B.1.14 美国加利福尼亚州，Aliso峡谷储气库，2015年

2015年10月23日，SoCalGas的位于洛杉矶县Aliso峡谷的储气库SS-25井发生了美国历史上最大的天然气储存设施甲烷泄漏事故。Sempra公用事业公司的子公司SoCalGas是Aliso峡谷设施的所有者和经营者。泄漏最初每小时释放大约53t甲烷，或者每天总共释放大约1300t甲烷。

该事故造成了巨大影响和经济损失，前后共导致1.1万名附近居民离家疏散，许多居民生病，附近的牧场社区有超过5000户家庭和两个当地学校搬迁，直接经济损失约3.3亿美元，总损失约10亿美元。

在事故发生的头两个月里，反复（8次）的封堵尝试加剧了天然气的泄漏。从11月下旬开始钻探的减压井最终被用来封井。2016年2月12日成功封堵了所有的井，天然气立即停止泄漏。随后，该井于2016年2月17日进行了固井和封堵。

(1) 基本情况

Aliso峡谷储气设施由115口储气井组成，建造时间从1939年到2014年。Aliso Canyon设施总储存能力为24.35亿m^3（860亿ft^3）天然气，是美国最大的天然气储存设施之一。天然气被注入地下约2590.8m（8500ft）的老砂岩储层中储存，然后根据市场情况将天然气采出进行输送和销售。

SS-25号井于1953年10月1日开始钻探，于1954年4月完成。在钻井过程中，由于无法回收的钻柱和工具组在井中丢失，原井眼被废弃。主井的侧钻深度约为1188.7m（3900ft），然后钻至2666.7m（8749ft）的完井深度。

1973年5月，开始对SS-25进行改造，将其转换为储气库注采井。作为储气井，通过油管和套管进行注采作业，因此，长套管柱起到了一个单一的环境屏障的作用。

一般来说，在20世纪70年代该油田被改造为储气设施时，似乎在许多原始井（包括SS-25井）中都安装了井下安全阀（DHSV）。DHSV通常用于海上环境，是一种在非正常情况下（如失压控制期间）切断流向地面的流体的设备。这些系统不同于用于连接油管和套管的地下滑套阀（SSV）。SSV在正常作业中用于维护作业，允许流体在油管和油管-套管环空之间循环。

在Aliso峡谷，许多DHSV随后被移除，或者在后来的修井作业中没有更换。在某些情况下，SSV取代了DHSV。大约从1980年开始，钻探的油井在任何时候都没有安装过任何DHSV。附表B.1显示了Aliso峡谷储气设施使用DHSV以及封隔器和油管井完井情况的摘要，这是基于对加州石油、天然气和地热资源部（DOGGR）维护的公开可用油井历史文件的审查得出的。DHSV和SSV在许多井中的使用时间各不相同，记录中有一些不准确之处，反映出缺乏

用于指代各种类型的井下设备的标准化术语和缩写。

附表 B.1　Aliso 峡谷储气设施井配置概述

项目	井的数量
井的总数	115
在某个历史时期安装有 DHSV 的井	54
没有 DHSV 安装历史的井	60
使用封隔器和管道生产的井	102
配置用于套管生产的井（包括带有 SSV 的井，允许管道到套管流动）	80

（2）针对 2015 年泄漏事故的顶压尝试

从 2015 年 10 月 24 日，也就是发现泄漏的第二天开始，一直持续到 12 月 22 日，SoCalGas 进行了八次单独的顶部压井行动来阻止泄漏。"顶部压井"操作包括将重型钻井液、流体和其他材料（统称为"压井液"）泵入泄漏的油井，试图从上方封堵油井。在 10 月 24 日第一次压井尝试失败后，2015 年 10 月 25 日，SoCalGas 保留了哈里伯顿（Halliburton）的全资子公司 Boots & Coots 的服务，以寻求帮助。Boots & Coots 是一家公认的井控服务专业公司。其后，于 2015 年 11 月 6 日、13 日、15 日、18 日、24 日和 25 日以及 12 月 22 日又进行了 7 次顶压尝试——用堵漏材料系统地泵送重晶石泥浆和氯化钙溶液。随着时间的推移，连续的顶部压井尝试导致排气口的侵蚀和膨胀，在井口形成了排气坑（附图 B.1）。在后面的几次顶部压井尝试中，井口经历了剧烈的振动和移动。为了保护井口和套管联轴器，操作员用带子将其固定（在顶压尝试中失败）。井口最终采用了如附图 B.1 所示的桥梁结构。最终气体泄漏出来时井口的尺寸约为 12.2m×18.3m（40ft×60ft），深度超过 6.10m（20ft），估计最大气体流量为 70.79 万～169.90 万 m^3/d（2500 万～6000 万 ft^3/d）。顶部压井行动没有成功。

附图 B.1　尝试进行顶部压井的材料被排出后造成的排气坑

在至少一次顶压尝试中，大量压井液被逸出的气体从井眼中排出。由于 Aliso 峡谷储存设施使用废弃的含油气地层，泄漏的气体还导致地层中的残余石油从油井中排出，致使许多 Porter Ranch 住宅、车辆和外部区域沉积含油残留物。这些不成功的顶压操作使一些顶压液成分（如钡）部分雾化，而这些雾化产物以油性雾的形式在空气中传播，并沉积在 Porter Ranch 的一些住宅内部。为了缓解这一问题，从 2016 年 1 月 3 日开始，SoCalGas 在 SS-25 上安装了一系列金属屏（称为聚结盘），试图控制油雾。

美国 Lawrence Berkeley 国家实验室（LBNL）根据 SoCalGas 提供的信息对 Alison 峡谷储气库的顶部压井操作进行了数值模拟。模拟结果表明，很高的气流量和井下段的几何形状严重抑制了顶部压井的效果。在顶部压井过程中，从油管中泵入的液体必须从桥塞上方的射孔处流出，然后通过 2575.9m（8451ft）深处的原始阀门重新进入油管，以便进入油井的产气区。向上流动的气体能够夹带出油管的压井液，而从油管中流出的气体抑制了压井液重新进入油管。加剧这一问题的是对井口结构的担忧导致的压井作业限制，如附图 B.2 所示，压井液（灰色）必须积聚在套管中，并克服从 SSV 槽流出的甲烷气体（黑色）的压强。在套管井段的下部，气体和液体混合在一起，逸出甲烷的向上速度足以迫使液体/气体混合物升至油井上方并从泄漏处排出。

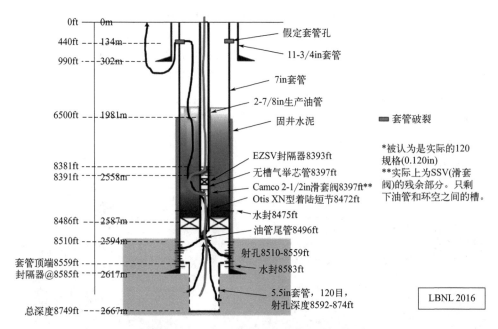

附图 B.2　SS-25 井的顶部压井失败场景

(3) 应对泄漏的底部压井尝试

11月初，SoCalGas还开始计划在必要时钻一口减压井进行底部压井作业。底部压井作业包括钻一口减压井，并通过减压井将钻井泥浆和水泥泵入泄漏的油井，以在深处将其封堵。SoCalGas于2015年11月初开始从Aliso峡谷设施提取天然气，以努力降低SS-25附近的压力，并于2015年11月25日开始钻探减压井，以进行底部压井作业。如果有必要的话，SoCalGas还将开始准备第二口减压井。第一口减压井最终封堵了SS-25，没有钻其他的减压井。减压井截流发生在2016年2月12日，之后气体立即停止了流动。

(4) Alison峡谷的监测和泄漏检测

储气业通常依靠地下测量来检测地下泄漏。噪声记录用于监听噪声异常（可能表示泄漏），温度记录用于查找指示地下流动的热异常，这些都是该行业常用的方法。对于这两种技术，历史记录具有很大的比较价值。

Alison峡谷早期测井（20世纪50年代）主要用于地层表征。在20世纪70年代，作为油田转换为储气库的一部分，一小部分（约四分之一）的油井测井数据被记录下来，重点是水泥胶结测井和中子测井。之后，测井次数增加了很多。然而，在2015年泄漏事故之前，绝大多数油井仍未对生产套管沿线的水泥完整性进行评估。

根据加州石油、天然气和地热资源部（DOGGR）的要求，已于2016年获得该油田所有油井的噪音和温度记录。在之前的5年（2010—2015年），每年都会对大多数油井进行温度调查。在2006—2010年，大多数油井每隔一年进行一次调查。在1990—2005年，大多数油井的调查时间间隔比每隔一年都长。从20世纪70年代的转换日期到1990年，测量是零星的。

(5) 关于SS-25故障的几点看法

审查关于SS-25的公开资料后，我们提出以下几点看法：

① SS-25是在一般情况下建造的，与Aliso峡谷油田的其他部分保持一致。它开始是一个生产井，然后被转换为用于天然气储存。

② 数据表明，SS-25在天然气储存的循环中承压运行。天然气穿过套管（在最上面的关键部分未胶结）和油管时，仅提供单一屏障。这是在储气库的常见做法。

③ SS-25的气体泄漏监测方式类似于油田的其他油井。

④ 没有找到可用于评估井系统风险（如套管内金属损失）的测井记录。

⑤ 复杂的地下流动路径可能会阻碍抑制气流所需的压井液的输送。

有迹象表明：Aliso峡谷设施对于泄漏（产生温度和噪声变化）和泄漏潜在可能性（水泥结合剂、金属厚度和压力测试）的监测和评估工作做得不到位，难以维持Aliso峡谷储气库的安全运行。

由于 Aliso 峡谷事故，PHMSA 于 2016 年发布了一份关于 UGS 天然气设施安全运营的咨询公告。由于 Aliso 峡谷是州内设施，CPUC 和 DOGGR 负有主要监管责任，他们向运营商发出了许多命令，施加了各种运营限制，并要求采取补救行动。PHMSA 和美国能源部向这些机构提供了广泛的技术支持。

B.1.15　美国宾夕法尼亚州，Rager Mountain 储气库，2022 年

Rager Mountain 储气库泄漏事故是发生在 2022 年 11 月的一起严重的甲烷泄漏事故，在 2022 年 11 月的一个下午，位于宾夕法尼亚州西部的一个 57 年历史的井开始泄漏，泄漏速度之快以至于几英里外都能听到类似喷气发动机的噪音。泄漏持续了近两周，大约有 16000 公吨的甲烷逸入大气中，这相当于超过 300000 辆汽油动力汽车的年温室气体排放量。

这次泄漏是美国自 2015 年 Aliso Canyon 泄漏事故以来最严重的地下储气库甲烷泄漏事故。虽然不像 Aliso Canyon 事故那样对居民构成直接威胁，但 Rager Mountain 泄漏被宾夕法尼亚州一名监管者称为"灾难"，并且被彭博社标记为当年美国最严重的气候灾难。泄漏是由井下的一个井筒破裂引起的，这是压裂气体流动与周围地质之间的屏障。该井由于通过一个开放的阀门暴露于水、空气和有机物而严重腐蚀。宾夕法尼亚州环境保护部门（Pennsylvania DEP）对 Rager Mountain 的地表和地下水污染进行了调查，并且该机构表示，无论风险如何，都致力于每年对储气田的井进行年度检查。Equitrans 公司，作为 Rager Mountain 的拥有者和运营商，已经采取了多项措施来降低其储气田的风险，包括重新处理旧井测试，对另外 100 口井进行额外测试，并改变添加保护凝胶以减少腐蚀的要求。

联邦对 Rager Mountain 的泄漏调查仍然开放，至少直到监管机构审查了对现场三个临时封堵井的修复工作，这可能在春季进行。但 Rager Mountain 在其他方面仍在运营。在 2022 年 10 月，在 PHMSA 的批准下，Equitrans 开始向该领域注入气体以备冬季使用。

B.1.16　欧洲，Bilche-Volitz 储气库，2024 年

2024 年 8 月 26 日，乌克兰西部利沃夫地区的能源基础设施遭到破坏，其中包括欧洲最大的地下储气设施—Bilche-Volitz 地下储气设施。该设施不仅是乌克兰最大的地下储气库，也是欧洲最大的地下储气库，储气量高达 17 亿立方米。该储气库与欧洲天然气系统相连，对于欧洲来说是一个重要的天然气备用储存设施。袭击导致现场发生严重火灾，火势持续 7 个多小时才得到控制。外喀尔巴

阡、利沃夫、敖德萨以及赫梅利尼茨基地区可能会失去天然气供应。乌克兰国家石油天然气公司 Naftogaz 的负责人阿列克谢·切尔内绍夫表示，俄罗斯武装部队对乌克兰西部天然气储存设施的袭击引起了"一定的担忧"。

B.2　欧洲的盐穴型储气库事故

B.2.1　民主德国，Teutschenthal，1988 年

该事故储气设施位于民主德国哈莱市西南部 Teutschenthal 附近的 Bad Lauchstädt，是在二叠纪 Zechstein Stassfurt 岩盐内的一个盐穴中开发的。该设施位于人烟稀少的农村地区。在这里，盐生作用导致盐层厚度的明显变化，形成了巨大的盐枕。Zechstein 盐层上覆盖着长达 400m 的三叠纪 Bunter Volpriehausen 砂岩和一层薄的第四纪盖层，由更新世砂岩和砂砾组成，带有马利冰层。用于储存乙烯的盐穴位于较厚的盐区，大约 150m 厚，顶部位于地下约 550m 处，底部略低于 700m。

1988 年 3 月 29 日，在燃料从地表喷发前大约 1 小时，探测到盐穴中的压力迅速丧失。乙烯-水混合物的第一次喷发和释放发生在距离 5 号井约 50m 的地方。随后又有一排平行的井发生喷发，形成了一条 2km 长的西北方向的喷发线。与此同时，主要的喷口地点也在 5 号井以南约 250m 处、6 号井附近逐渐形成。乙烯的排放持续了几天，其强度随着洞穴内的压力降低而逐渐降低，最后，约 60%～80% 的产品被泄漏出来。迁移的乙烯-水混合物一旦接近地表，就会造成地面隆起，导致建筑物产生裂缝和混凝土路板倾斜。当混合物突破地表泄漏到空气中时，造成了圆形的陷坑和细长的裂缝。

在监测泄漏情况的同时，大约 8km² 范围的群众被撤离，但是，对于 Teutschental 镇的部分地区没有采取疏散措施。调查显示，整个事故期间洞穴完好无损，并且该储层的套管没有发生故障。在附近的一口饮用水井中发现了乙烯，这表明乙烯在 100～140m 深处的含水层中泄漏。随后，在 111.8m 处发现了一个有缺陷的套管连接，这使得乙烯得以运移到 Volpriehausen 砂岩含水层的下部，该含水层被一层不渗透的地层覆盖。从这里逸出的乙烯沿侧面向上倾向西北偏西方向迁移，直到遇到反向断层。这形成了一个垂直的屏障，有效地堵塞了乙烯，然后乙烯继续向上迁移到西北方向。最终，它冲破了上面的盖层，逃到了三叠纪 Volpriehausen 组含水层的上部。它迅速地穿过这里，横向迁移到更新世沉积的底部，看起来像是受到了"线性破坏带"（断层）的帮助。在含水层内。持续的

乙烯进入和不断上升的压力导致更新世沉积隆起，直到最终超过限制压力，水、乙烯和夹带卵石的黏土的混合物冲破地面，形成了一系列圆形和细长的陷坑。

B.2.2　法国，Tersanne，1979 年

1968 年 11 月至 1970 年 2 月，一个被称为 Te02 的梨形地下溶腔，在法国东南部的 Tersanne 盐矿中被溶出。这是法国的第一个这样的储存设施。洞穴的顶部深度约为 1395m，底部约为 1500m，由于在溶腔底部沉积了大量的不溶性物质，因此"自由"洞穴空间的有效底部深度约为 1470m，初始可用体积为 $91000m^3 \pm 2700m^3$。该洞穴的注水溶腔工作于 1970 年 5 月开始，并于 1970 年 11 月完成。洞穴运行了九年，在此期间运行的平均压力很高，但洞穴的运行意味着频繁而显著的压力变化。在这样的操作条件下，到 1979 年 7 月，其有效容积减少了 30%～35%。

截至 2006 年，该储气设施仍在运营，并已挽回了大部分有效容积损失。目前，Gaz de France 在特尔桑地区的同一盐矿中运营着 1400m 深的其他盐穴储存设施。大约有 14 个储气井/洞穴在运行，天然气储存压力在 8～24MPa（80～240bar）之间，提供 2.04 亿 m^3 的工作气量。

B.2.3　联邦德国，Kiel，1967 年

储气设施 Kiel 101 是在联邦德国 Kiel 地区的深度 1305～1400m 的二叠纪不纯沉积岩盐（哈塞尔格伯里岩相）中被溶出的。岩盐的高不溶物含量意味着，在最初的 6.8 万 m^3 容积中，有效容积降至不到总体积的 60%（约 $40800m^3$）。从 1967 年 11 月开始抽水清除洞穴中的盐水，仅 5 天后就发现了盐穴顶部的破裂。当时可用洞穴的体积约为 $36600m^3$，但在运行 35 天后，声呐扫描显示有效容积下降了约 12%（降至 $32100m^3$）。在接下来的 5 个月里，又发生了 6%（$1900m^3$）的体积损失。

该洞穴在至少 1971 年前一直在 8～10MPa（80～100bar）的压力下运行，并被认为是自 1971 年以来用于储存城市天然气（60%～65% 氢气）的洞穴之一。

B.2.4　法国，Viriat，1986 年

这起储存乙烯的盐穴储存设施事故发生在 1986 年 9 月，与压缩机组破裂并释放气体的有关。

B.2.5 德国，Epe 储气库，2014 年

(1) 事故背景

在德国多特蒙德以北 80km 处的 Epe 矿场，从碎屑岩和泥质岩层上覆盖的 200～400m 厚的卤化物层中溶出了数十个盐穴。盐穴底部深约 1000m。Epe S5 号盐穴的高度为 146.9m（482ft），直径为 82m，体积约为 45 万 m^3。在 1980 年，大约有 40.8 万 m^3 的石油被注入到该储气库中。该洞穴以盐水补偿模式运行，注入或产出的盐水通过 193.68mm×19.05mm 管柱注入，以通过 11-3/4in×7-5/8in（1in＝0.0254m）环空置换原油。最后的 11-3/4in 套管锚固在 1086.9m（3566ft）的深度，倒数第二个 16in 水泥套管锚固在 212m 的深度。作为战略性石油储备的典型代表，它仅经历了少量的取水或注水。

(2) 事故描述

2014 年 2 月 23 日至 24 日，Cavern S5 号的环形空间记录了 0.36MPa 的压降。盐穴已停工，并在井中进行了多次检查。这些检查没有表明有任何泄漏的迹象。采矿当局同意于 2014 年 4 月 2 日重新开始运营，但要限制最大压力。

2014 年 4 月 12 日，在草地的表面发现了油渗漏。4 月 15 日，在农场附近又发生了两次泄漏，导致一户人家离家几日。在首先对泄漏地点进行分析之后发现，很明显原油的来源是 Cavern S5 号。并采取了多种措施来了解泄漏的原因，评估泄漏的程度，将其影响最小化，并最终恢复洞穴的完整性、安全性。

调查和计算表明，盐穴的合流（由地面上的沉降测量证明）导致了洞穴 S5 号周围的岩体（盐）运动，尤其是在 217m 的深度处，并估算得出的深度为 200m 时的垂直应变为 0.1～0.2mm/m，足以在 217m 处引起套管连接处的明显位移。在 212m 以上，包括 16in 套管在内的完井比下面的单套管部分要坚硬得多，并且得出的结论是 16in 套管引鞋下面的第一个套管连接是结构损坏的关键点。

(3) 事故原因

在 217m（712ft）的深度下，原油压力为 8.1MPa，闭合的泥质岩系（泥岩）的毛细管入口压力约为 4.7MPa。先前存在的剪切带和周围岩石中的裂缝重新打开，由于基质的渗透率对于油的渗透而言太低，原油沿着该区域迁移。到达第四纪序列的底部后，原油迁移到浅层地下水含水层中，并最终到达地表。

鉴于此次及荷兰类似事故，为预防此类事故再次发生，德国运营储气洞穴的法规要求所有气井均安装双重屏障。

B.3 美国和加拿大的盐穴型储气库事故

B.3.1 美国路易斯安那州，Eminence，1970年、2004年、2010年、2011年

（1）事故背景

Eminence 盐穴型储气库位于密西西比州 Hattiesburg 西北 19.3km（12mile）。储气库的顶部在 730～743m 之间；它被一块 150m 厚的石灰岩和硬石膏所掩盖。1991年，这个天然气储存地点建成了七个盐穴。1号至4号洞穴在20世纪70年代初进行检验，而5号，6号和7号洞穴则在1991年进行检验。这些洞穴相对较深，如1号洞穴深度从1725m到2000m（附图B.3）。对于20世纪70年代钻的那些井，设置了3000个地面套管并在15.24m（50ft）处固井。1号盐穴在2个月内充满了7MPa的气体，随后逐渐增加到28MPa（洞深处的静压力为38～45MPa）。经过第二个压力循环后，"型腔底部大约两年内损失了46m"，并且洞穴体积损失40%（附图B.3）。

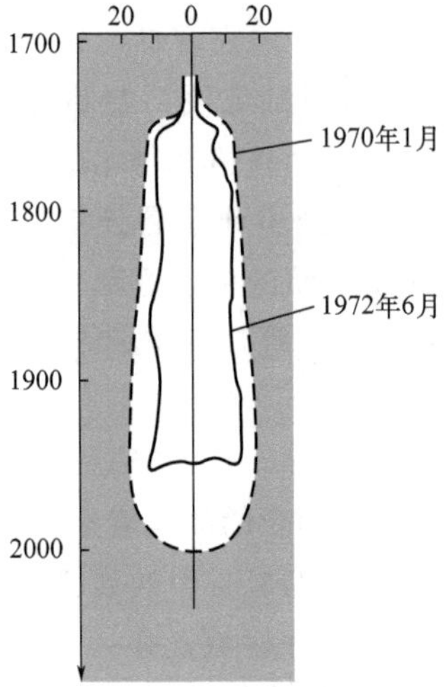

（2）事故描述

2004年，4号井套管在1639.5m的深度破裂，即在盐穴顶部上方几十英尺处破裂。随后该公司停止了4号洞穴的使用，将其注满水并将其关闭。2010年12月26日，在3号洞穴中，在1分钟内发现了2.5MPa的意外大压降。最初对泄漏的反应是流量为866.5万 m^3 的天然气进入管道系统；随后伴随着现场水井向空中喷水，3号盐穴从井口发生的另一次天然气泄漏。2011年1月4日，该公司开始点燃3号洞穴散逸的气体，直到其生产管道被碎屑堵塞。天然气也在1号洞的井口周围从地面逸出，随之发生了大的塌方，封闭了水流。该公司开始在周围的淡水区钻探监测井。在2011年1月24日之前，已决定将第1号和第3号洞穴停用。后来，又在7号井中发现了盖层泄漏，最大工作压力从24.8MPa降至19.1MPa。

附图 B.3　1970年和1972年洞穴声呐调查确定的1号洞穴形状

(3) 事故原因

调查显示，3号井的渗漏很可能是由于盐层的蠕变引起的，从而导致了盐穴上方套管的过度拉伸，在该处由于蠕变封闭（creep closure）而引起的位移特别强烈。这些过大的应变导致钢套管和/或钢-水泥和水泥-岩石界面的损坏，最终导致气体沿井向上迁移至盖层，最终迁移至地表。

B.3.2 美国密西西比州，Petal City，1974年

Petal City储气设施位于密西西比州Forrest县Petal City附近。Petal Gas Storage LLC（GulfTerra Energy Partners，LP的子公司）于2004年运营了该设施，并与南方天然气公司签订了向其提供储存空间的合同。该设施与田纳西天然气管道、海湾南管道和哈蒂斯堡天然气储存设施互连，由至少7个洞穴组成，提供高达8320万 m³ 的高输送天然气储存能力和35400hp（1hp＝745.700W）的压缩能力。盐穴的顶部大约在地面以下530m，以盐水补偿模式运行（随着卤水的移除/注入，天然气被注入/提取）。

1974年8月25日，液化丁烷气体被泵入洞穴，置换的卤水被转移到一个开放的池塘储存。由于对洞穴体积的错误计算，注入的液化丁烷达到2190t（约106加仑），导致洞穴被过量填满。当气体取代井中的盐水时，压力下降，丁烷高速逸出，迅速形成直径2.01km（1.25mile）的易燃云团。

在丁烷释放后的一段时间，发生了一次小爆炸和火灾，导致云柱和气柱对流和混合。这导致了第二次爆炸，爆炸发生在离地面约240～305m的地方，损坏了275m外的房屋，震碎了11km外的窗户。大火燃烧了5个小时。其后通过向井中泵入盐水并关闭阀门来控制井火。在这起事故中，总共有24人受伤，约3000人疏散。

B.3.3 美国路易斯安那州，West Hackberry，1978年

位于路易斯安那州南部查尔斯湖附近的West Hackberry盐丘早在1902年就已为人所知。地下盐穴的顶部大约在地面以下545m。盐矿为当地的化学工业提供了盐水。1977年，美国能源部（DOE）为SPR收购了一些由此产生的洞穴。1977年7月21日交付给SPR的第一批原油储存在West Hackberry储存点，该储存点有22个洞穴，能够提供2.19亿桶（约0.348亿 m³）的储存空间。

1978年9月21日，为6号洞穴服务的其中一口井在工作期间发生泄漏（为了加快吞吐速度，该洞穴由不止一口井进行注采），估计有7.2万桶（约1.14万 m³）石油突然泄漏并起火，造成一名井下作业人员死亡。石油的泄漏一直持续

到洞穴减压。美国能源部关于此次事故的报告（1980）认为，这次事故是由于修复井完井外套管泄漏和加强井口设备的工作而发生。这涉及撤回内管和安装封隔器以密封洞穴。然而，在工作过程中，封隔器移动，然后被油的压力推到表面。这导致洞穴内容物突然剧烈释放。石油的泄漏一直持续到洞穴内的压力降为零。

调查和安全报告的结论是，今后任何这种性质的工作都应该在洞穴压力较低、井口压力为零的情况下进行。这一事件表明，洞穴储存设施的最高风险来自特殊活动，而不是正常运行。

B.3.4　美国得克萨斯州，Mont Belvieu，1980 年

Belvieu 天然气储存设施与 1916 年 4 月发现的巴伯斯山油田紧密相连，并与休斯敦东北约 48km 处贝尔维尤山附近的盐丘油田联合开发。盐丘一直被用作地下储存设施，建造了大约 150 个盐穴储气设施，为该地区的众多炼油厂储存液化丙烷气体。

盐丘的直径约为 1.61km（1mile），这是由于在深处调动了中生代 Louann 盐。它导致了一个高达周围地面 14m 的椭圆形区域，并引起了由盐圆顶刺穿的岩石的径向断层。1955 年，沃伦石油公司开始建造地下储藏洞穴和天然气终端，建造了 26 个容量为 4300 万桶（约 683.6 万 m^3）的液化石油气（丙烷和乙烷的混合物）储存洞穴，使其成为北美最大的液化石油气储存设施。多达 150 个活性溶液开采的洞穴储存了 7500 万～30000 万桶（约 1192.4 万～4769.6 万 m^3）的碳氢化合物产品，使其成为世界上最大的石化和挥发性碳氢化合物储存场所。

1980 年 9 月 17 日，地下泄漏导致液化石油气气化，在其中一个容纳液化石油气的空腔中记录到了压力下降。其中一个洞穴损失了近 2831.7 万 m^3（10 亿 ft^3）的乙烷-丙烷混合物。最初的泄漏点被追踪到一口井套管上，该套管位于 550m 深的盐层盖层内，并于 1958 年被腐蚀形成了一个洞。低密度丙烷和乙烷通过套管外的胶结物上升，然后通过多孔岩石、断层和节理，聚集在 60～120m 深的储层中。此外，这些气体迁移到了近地表，并在 Belvieu 山下 10m 厚的含水沙层中被发现。减压井钻入 60～120m 的高压油层，气体爆发。气体混合物进入了该地区一座房屋的地基。10 月 3 日，一台电器的火花引发了爆炸。在接下来的几天里，其他地方出现了可燃气体泄漏，迫使 75 个家庭在近 6 个月的时间里被迫疏散。

为了缓解近地表含水砂岩中的天然气积聚，钻探了大约 500 口井。此外，对浅层砂体进行氮气吹扫，浅井同时作为注水点和采油点。作为事故后补救工作和持续监测的一部分，在储气库上方钻了 100 多口监测井。这些井在每个储藏洞穴周围和储气库周边对储气库进行定期监测，以便及早发现任何类似的产品泄漏。

1980 年的爆炸之后，该地区多年来发生了许多其他与天然气有关的事故。1984 年 10 月，该储存设施再次发生火灾和爆炸，造成数百万美元的财产损失。紧随其后的是 1985 年 11 月的另一起爆炸和火灾。这一次，两人死亡，该镇 2000 多名居民全部撤离。

这些事故的推动下，地下储气库 240～250m 范围内的 200 多家房主和几座教堂接受了他们的地产被收购，这是最终与拥有 9 名成员的行业联盟进行和解的一部分。

与该地区天然气储存作业相关的其他事故包括：乙烯泄漏，关闭了贯穿该镇的德克萨斯州（路线）146 号；2000 年 12 月，管道破裂，导致天然气泄漏和爆炸，摧毁了一座房屋，并向空中释放了 15m 高的大气云。有报道称，爆炸造成多人受轻伤，约 40 户家庭被疏散，该地区的飞机被迫改道。还有粗略的报道称，两口地下储油井发生爆炸，燃烧了 43 天，沃伦石油公司（Warren Petroleum Company）发生了一场大火，两名工人死亡，大片土地被烧焦。

B.3.5　美国密西西比州，Salt Dome Storage Field，20 世纪 80 年代

20 世纪 80 年代初至中期，密西西比州的一个盐丘储存设施发生可燃气体泄漏。盐丘很可能是由侏罗纪的 Louann 盐岩形成的。

通过一口井怀疑四个储存洞穴之一发生泄漏。为了确定泄漏的来源，从大约 1m 深处的可疑储存井周围采集土壤样品，用于分析其中存在的任何碳氢化合物。在井口 3～4.5m 范围的土壤内观察到明显的碳氢化合物气体异常，其中一些异常甚至距离井口 15m。发现异常表层土壤气体的分子和同位素组成与储存产品的组成相同。泄漏的原因是套管安装时水泥作业不良导致井泄漏。泄漏井被关闭并进行维修。

其他三口井周围也进行了类似的调查。有两口井没有发现碳氢化合物泄漏的证据，而在第三口井附近直径约 38m 的区域的 1～1.5m 深度的土壤气中测量出了 15％的碳氢化合物体积浓度。同样，这些土壤气体的分子和同位素组成与储存的产品相同。泄漏是由于安装套管时胶合不良造成的。操作员立即采取补救工作，清空油井并修复泄漏。

B.3.6　美国得克萨斯州，Mineola，1993 年

这起事故发生在 2000 年，距米尼奥拉仓储码头约 145km，得克萨斯州达拉斯市的东边。

该设施有两个储藏室，最初是在 20 世纪 50 年代后期由石油生产商开发。一个储存 4.9 万 m^3 丙烷的盐穴遭受了损失。完井包括设置在 484m 处的 8-5-800 套管。5-1-200 油管柱的承瓦深 720m，比洞室底部高 30m。似乎是将饱和水而不是盐水用作注入液。洞穴井在未确定深度处发生套管泄漏。

研究认为注入不饱和水导致了溶洞之间盐柱（壁）的溶解和变薄。在第二个洞穴中进行修整时使用氮气以确保管路中没有液化石油气（LPG），引入的压力导致盐柱破裂。压力波动被传递到液化石油气的洞穴中，导致其井壁破裂。丙烷从井中逸出并向上迁移，最终通过表层土壤逸出到大气中。它聚集在码头和周围森林的低洼地区，并遇到火源。含水浅水砂层充满 LPG，位于距产品取水井约 15.24m（50ft）处的用于为溶洞淋水供水的水井首先被点燃，其次是洞穴井口。丙烷从井本身穿过土壤逸出高达 30m。消防人员从火势中推断出套管泄漏是在较浅的深度。

B.3.7 美国得克萨斯州，Brenham，1992 年

Brenham 盐丘在 1915 年左右被发现，位于得克萨斯州华盛顿县和奥斯汀县交界处。盐层顶部位于地面以下约 350m 处。得克萨斯州 Brenham 附近的韦斯利储存设施是一个占地约 21hm^2（52acre，英亩）的无人值守场地，1992 年由塞米诺尔管道公司（Mapco Natural Gas Liquids Inc.，MNGL）的一家附属公司拥有并在俄克拉何马州塔尔萨远程运营。该地点在 1992 年 4 月发生了一起重大事故。

发生事故的洞穴位于地面以下约 810m，高度至少为 50m。该设施的洞穴储存着液化石油气，并以盐水补偿模式运行。卤水被储存在两个地上的池塘里。由于使用了不饱和的盐水，洞穴有所扩大。井口安装了关闭阀。1992 年 4 月 7 日清晨开始向一个洞穴注入石油气，最终导致了休斯敦里氏 4 级以上的爆炸。爆炸产生的巨响 160km 外都能听到，258km 外也有震感。爆炸造成 3 人死亡，23 人受伤，方圆 2.41km（1.5mile）内有 26 座房屋被毁，另有 33 座房屋受损。随之而来的大火烧毁了 74.32 万 m^2（800 万 ft^2）的面积。

美国国家运输安全委员会（NTSB）调查了这起事故，发现是一系列事故和程序故障导致产品泄漏、一系列爆炸和火灾。爆炸是由于储气洞充满了过量的液化气，液化气冲到了地面，涌入了毗邻的一个卤水坑。事故发生时，盐水输送管道中的两个阀门被关闭，使得传感器无法检测到气体沿主管道向上移动时增加的压力。这些阀门很可能是在事故发生前几周的一次维修审查中关闭的。没有考虑到人为错误的备份系统。液化石油气在地面上迅速蒸发，由于其比空气重，形成了长几百米、高 6～9m 的蒸气云团。由不明来源的火花（很可能是路过的汽车）

引发了爆炸。

MNGL 和母公司（Seminole）被发现未能在设施的井口安全系统中加入自动防故障装置。造成超量注入的原因是洞库管理程序不完善。该公司认为这个洞穴储存了 28.8 万桶（约 4.58 万 m³）的液体。然而，爆炸后的安全审计显示，这一数字接近 33.2 万桶（约 5.28 万 m³）。因此洞穴被填满了，超出了它的容量。缺乏关于地下储存系统设计和操作的联邦和州法规，以及紧急应对程序不足，也是导致事故发生的因素。

爆炸发生后，液化石油气储存洞穴通过了机械完整性测试，运营商申请重新开放该设施，以增加容量。爆炸发生近两年后，许可被拒绝，该州监管石油和天然气行业的得克萨斯铁路委员会（Texas Railway Road Commission）下令永久关闭该设施。该公司就关闭设施的几次上诉均告失败，该地点现在作为管道的泵站运营。洞穴是空的。

爆炸受害者提起的诉讼最终导致陪审团裁决 540 万美元的补偿性赔偿和 1.38 亿美元的惩罚性赔偿。

B.3.8　美国得克萨斯州，Stratton Ridge，20 世纪 90 年代

得州自由港附近布拉索里亚县的斯特拉顿山脊盐丘于 1913 年被发现。它代表了一个典型的墨西哥湾沿岸盐丘，其顶部位于地面以下约 381m（1250ft）。

盐丘上的洞穴多年来一直被用来储存液化石油气/天然气。其中包括被称为 Stratton Ridge 设施的洞穴，2004 年归陶氏碳氢化合物和资源公司所有，后者将其出租给 Kinder Morgan Energy Partners L.P. 用于天然气储存。该设施的天然气总储存能力为 3.341 亿 m³，工作容量为 1.53 亿 m³，高峰日吞吐能力高达 0.113 亿 m³/d。

20 世纪 90 年代初，斯特拉顿山脊盐丘上的一个盐穴被委托作为天然气储存设施。然而，这个洞穴没有通过机械完整性测试，不得不被废弃，因为它在被加压储存的同时泄漏了气体。

B.3.9　美国路易斯安那州，Magnolia，2003 年

Magnolia 盐丘位于拿破仑维尔一个人烟稀少的地区，距离路易斯安那州南部的大海湾大约 3.22km（2mile）。2003 年，在盐丘上建造了一个盐穴天然气储存设施。在 2003 年 12 月 24 日，也就是该设施开始运营仅 6 周后，该储气库发生泄漏，导致大约 990 万 m³ 的天然气在几个小时内释放出来。大约 30 人因天然气泄漏而被迫离开家园。

调查显示，天然气是从一个洞穴顶部附近的一口井的套管裂缝中泄漏出来的，该洞穴位于地表以下约 442.0m（1450ft）。最终将其堵塞在裂缝下方的一个点。

B.3.10　美国得克萨斯州，Moss Bluff，2004 年

Moss Bluff 盐丘，位于得克萨斯州休斯敦东北约 64.4km（40mile）的 Liberty 县，早在 1926 年就为人所知。它是典型的墨西哥湾海岸盐丘，边缘向斜发育。盐层顶部位于地面以下 330m 处，底部深度超过 3km。

盐丘的发展导致该地区遍布人造洞穴，是世界上最大的碳氢化合物储存地之一。Moss Bluff 气体储存设施由三个独立的地下洞穴组成，占地约 259hm^2（640acre），由 Duke Energy Gas Transmission 公司运营，是该地区天然气生产、储存和运输的重要组成部分。现场压缩机站通过每个洞穴上的井口组件将天然气注入和采出洞穴。Moss Bluff 气体储存设施有输送和储存碳氢化合物的相关设施，以及天然气、淡水和咸水（卤水）的管道。溶洞的运行是靠盐水补偿的（注气时从溶洞中抽出盐水）。

1 号岩洞洞顶约在地面以下 760m，地下溶腔约 427m 高。在事故发生前的几天里，1 号洞穴正处于"脱盐水模式"——卤水被带到地面并泵入地面蓄水池，与此同时，压缩气体被注入到洞穴中。事发前对卤水-气体水平的监测表明，当时的卤水/气体界面在 1132m 处，距离井管柱底部有一定距离。

2004 年 8 月 19 日凌晨 4 点刚过，一个管道泄漏导致 1 号洞穴突然释放气体。由此引发的爆炸和火灾导致道路关闭，迫使 1.61km（约 1mile）半径范围内的数十名居民被疏散，没有人受伤。由于大火产生的高温，一个可能用来关闭气体流动的阀门无法使用。据报道，爆炸发生时，设施内有 1 人，并得以逃脱。第二天发生了第二次爆炸，疏散区扩大到 4.83km（约 3mile），当地媒体报道称疏散总人数约为 360 人。在整个事故中，大火一直在地面上（附图 B.4），出于安全原因，它被允许自行燃烧。最终在 6 天后的 8 月 25 日晚上 9 点 15 分扑灭，并成功安装了一个防喷阀。在这次事故中，该设施另外两个储藏室的安全和完整性始终未受到威胁。

杜克能源公司和顾问进行的详细调查随后揭示了：是一系列事故导致了不受控制的气体释放和由此产生的火灾。在地下 1135m 处的岩洞中，8-5/8in 的管柱最初发生了分离和断裂。这个断裂的原因尚不清楚，因为受影响的材料无法从洞中回收。然而，记录显示，仅在事故发生前 10 天，井管柱还没有出现分离的迹象。裂口允许高压气体置换井中的盐水，进入井柱，到达地面并流入地面上 8in 的盐水管道。紧急关闭（ESD）系统安装在距离井口组件很近的 8in 盐水管道

附图 B.4　1 号储存洞室的气体释放和火灾失控

上，当检测到压力、流量和/或成分变化时，该系统就会关闭。防静电工作正常。然而，突然涌动的水流就像"水锤"一样，导致井口与防静电阀之间的 8in 管道破裂。这一失效发生在管道中由于内部腐蚀而遭受壁厚损失的位置。由于盐水管道的使用时间相对较短（在 2000 年安装和测试），因此其内部腐蚀的程度没有被预料到。8 月 20 日星期五凌晨，大火的极端高温将整个井口装置毁坏，事故被延长。在大约 28 秒的时间里，大火似乎已经被扑灭，但是通过 20in 生产套管逸出的气体再次被点燃并燃烧，直到 8 月 25 日最终被扑灭。

调查结果显示，有关的操作程序足够及妥善执行。确认了阀门的位置，发现是正确的。通过对运营商日志和员工访谈的彻底审查，没有发现任何程序或人为错误导致事故的证据。

B.3.11　美国得克萨斯州，Odessa，2004 年

在得克萨斯州 Odessa 的亨茨曼聚合物公司，液态天然气被储存在地下洞穴中。根据一份报告，在 2004 年 3 月 16 日，超过 100t 的天然气液体泄漏，事故起因是一个垫圈存在缺陷。剩余气体被点燃，没有伤亡报告。

B.3.12　美国堪萨斯州，Hutchinson-aka Yaggy，2001 年

哈钦森（Hutchinson）镇人口约 4.4 万人，位于 Yaggy 储存场东南约 11.3km（7mile）处，这个地方可能是最广为人知、最臭名昭著的地下储气库事故的发生地。该地区的下方是 Hutchinson 盐田。自 19 世纪 80 年代以来，哈钦森盐田一直被开采，并在盐田中建造了用于储藏的洞穴。Yaggy 储存设施最初开发于 20 世纪 80 年代初，用于储存丙烷，在堪萨斯中部的天然气供应中发挥了关键作用，是美国国家天然气配送系统的 30 个枢纽之一，也是美国 27 个这样的盐

穴储藏田之一。

Yaggy 储存设施在惠灵顿组下二叠统哈钦森盐段下部，利用卤水井进行盐水溶蚀，钻至 152~274m 深处，形成储集洞穴。每个洞穴的顶部都位于盐层顶部以下约 12m 处，以确保有足够的盖层，不会破裂或渗漏，而且井内衬有钢套管。Wellington 页岩层被 Ninnescaa 页岩层覆盖，两者都向西和西北倾斜，形成了 15m 以上的基岩，其中包括砂和马库斯床的砾石。这些松散的沉积物位于地下，并为哈钦森市和威奇托市的东部提供市政供水。

20 世纪 80 年代后期，财务能力下降最终导致了丙烷储存设施的关闭。这些井被废弃，后来部分用混凝土堵塞。20 世纪 90 年代早期，堪萨斯燃气服务公司，俄克拉何马州奥尼克的子公司，获得了这个设施，并将其改造成天然气储气库。现有的洞穴被重新启用，这需要挖掘旧的被堵塞的井，同时还要挖掘更多的井来建设额外的洞穴。

Yaggy 储气库由 98 个洞穴组成，位于 Hutchinson 盐层，深度超过 150m。在 2001 年事故发生时，该设施大约有 70 口井，其中 62 口是活跃的储气洞，深度超过 152m。已经钻了 20 多口新井，并正在为扩建设施创造新的洞穴。这些井的井距为 90~120m，位于网格上。一组井通过管道和支管在地面连接，使得气体可以同时注入或抽出到组内的所有洞穴中。Yaggy 气田的工作容量约为 9061.4 万 m^3（约 32 亿 ft^3）的天然气，工作压力约为 4.14MPa（600psi）。

哈钦森事故发生在 2001 年 1 月 17 日上午，当时监测设备记录到 S-1 井的压降，该井连接着一个正在填充的洞穴。在 4.65MPa（675psi）的工作压力下，该洞穴可以容纳 170 万 m^3 的气体。然而，压力范围可能在 3.79~4.72MPa（550~684psi）之间。天然气爆炸发生在哈钦森市中心，大约 11.3km（7mile）以外，紧随其后的是一系列高达 9m 的气体和盐水喷泉，沿着哈钦森市郊向东约 3.2km 的区域都发生了天然气喷发。第二天（1 月 18 日），Big Chief 移动住宅公园发生天然气爆炸，造成 2 人死亡，1 人受伤。该市立即下令疏散数百处房屋的居民，许多人直到 2001 年 3 月底才返回家园和商铺。

由堪萨斯州地质调查局领导的一项事故调查发现，泄漏是由于 s-1 井套管中的一块大弯曲薄片造成的，深度为 181.4m，刚好在盐层顶部以下，盐穴顶部以上 56m。原丙烷盐岩储库重新开放时，对混凝土封堵的井进行了重新钻进，造成套管损坏。此外，塔尔萨的一名计算机操作员使得储气库在注入天然气时储存洞穴超载，导致了最初的泄漏。在至少 3 天的时间里，套管破损使得天然气在高压下泄漏，并向上移动，穿过油井水泥和盐层上方岩石的裂缝。当接近 128m 处惠灵顿地层和上覆 Ninnescah 页岩之间的交界处，一层由微裂缝白云岩组成的薄层形成的渗透带时，天然气被覆盖在上面的石膏层捕获，阻止了进一步的垂直运动。白云岩在低振幅、不对称、西北倾伏背斜构造的顶部破碎，逸出的气体沿原有裂缝系统分离。气体沿背斜的顶部向东南方向倾斜上升，最终到达哈钦森，在那里它最终遇到了被遗弃的旧井，这些井提供了通往地表的通道。

该区的地质调查表明，白云岩中的裂缝与引起上覆地层断裂的深部裂缝有关。这些裂缝似乎允许未饱和的水向下渗透并溶解哈钦森盐层，导致盐层厚度的变化。在岩盐层上发生溶蚀的地层中，断裂作用最大，该溶蚀带的边缘向北西向靠近背斜构造的顶部。岩盐的溶解似乎在局部增强了构造的地形，导致了覆岩的进一步应力、破裂和优先脆弱带，为沿背斜走向的天然气运移提供了途径。事故发生后对泄气井和减压井进行的关井测试显示，随着气体压力的降低，裂缝的孔径也随着孔隙压力的下降而减小和关闭。

计算出的裂缝簇的基本数据：长度 12.9km（8mile），宽度 304.8m（1000ft），高度 0.91m（3ft），孔隙度 2%，裂缝体积 7.93 万 m^3（280 万 ft^3），估计的气体释放体积 99109m^3（在 4.14MPa，12℃下）。

哈钦森附近还有其他的储存设施，它们提供了一些关于储存压力梯度的有用信息。1996 年底至 1997 年，西部资源公司（Western Resources Inc.）在哈钦森（Hutchinson）以西经营一个油气储存井设施，该公司向堪萨斯州卫生和环境部（KDHE）提出了增加其设施最大储存压力梯度的请求。KDHE 规范了储气作业，并根据"经验法则"，将 Hutchinson 地区此类设施的最大储气压力梯度限制在 0.0170MPa/m（0.75psi/ft）的深度。这是为了防止盐层破裂。在岩心测试之后，Western Resources Inc. 要求将压力梯度从 0.0170MPa/m（0.75psi/ft）增加到 0.0199MPa/m（0.88psi/ft），这实际上接近平均破裂压力梯度 0.0201MPa/m（0.89psi/ft）。其中一个岩样的破裂压力梯度为 0.0163MPa/m（0.72psi/ft）。

起初市中心的爆炸地点与一个地下室的矿泉井有关，该矿泉井曾为一家酒店提供矿泉。第二次爆炸发生在一个废弃的旧盐水井。在堪萨斯州地质调查局网站上可以找到建筑废墟中一口燃烧的井的图片。在城市东部的大量天然气和盐水喷泉以及 Big Chief 拖车公园的爆炸事故中也发现了同样的情况。当钻井时，大多数旧的盐水井只通过浅层的第四系"马层"含水层下入。井中较深的部分是裸眼的，因此为气体逸出地面提供了现成的通道。据认为，在哈钦森地区存在着多达 160 口古老的盐水井，它们或被有意掩埋，或被随后的开发所掩埋。这些井的套管即使存在，也不太可能有足够的气密性来防止气体泄漏，如果未来发生泄漏，也会带来问题。

在追踪和处理 1 月份泄漏事故的行动之后，7 月 7 日下午发生了第二起事故，其中一口排气井（64 号深钻排气井）突然开始以高压排放气体。第二天，据报道火焰高度约为 4m，压力为 2.28MPa（330psi）。对地面管道进行了机械改造，结果在 7 月 9 日晚上火焰估计达到了最低 9m、最高 30m 的高度。在 7 月 10 日，当油井被暂时关闭时压力降至 0.041MPa（6psi）；然而，随后压力又迅速增加了。

有三个可能的原因导致了这次泄漏：

① 地层或近井眼损害——这是由于水和天然气流经近井眼环境造成的。通过用精细材料堵塞岩石、化学蚀变，或者通过气体体积相对于水体积下降时相对渗透率的变化，降低了靠近井的岩石的渗透率。这种"损害"经常发生在油井和气田井中，并且很容易纠正。

② 当气体首次进入哈钦森时，它处于足够高的压力之下，可能已迫使岩层中先前关闭的裂缝打开，或推挤进入"致密岩石"区域，即渗透性较低的岩石。随着压力下降，一些裂缝可能会再次闭合，将少量气体分离到不同的气穴中，随着时间的推移，这些气穴可能会回到主要的聚集点，并进入喷口井。

③ 除了 Yaggy 油田之外，还存在另一种天然气来源——这种情况被认为是不可能的，因为 DDV64 井位于一大群通风井中间，很难预测一个只影响这一口井的新天然气来源。

2001 年的事故并不是哈钦森储存设施第一次出现洞穴和油井问题。1998 年9 月 14 日，一个页岩架塌陷在 k-6 洞穴里，困住了用于监测的伽马射线中子仪。井下视频调查显示，套管在约 183m 处于坍塌边缘，由于堵塞，摄像机无法到达205m 以下。1998 年 10 月，政府制定了一项计划，在冬季期间将气体从洞穴中抽出。1999 年春天，放射性监测工具被埋在 1.2m 混凝土下面，洞穴的主管用黏结水泥重新铺设，以阻止任何可能的泄漏。洞穴仍在监控泄漏。

B.3.13 美国俄克拉何马州，Elk City，1973 年

（1）事故背景

1973 年 2 月 23 日，俄克拉何马州地质调查局获悉出现了一个约 10m×15m×6m 的陷坑。同时，在俄克拉何马州埃尔克城以南约 8km 的水平草原上，出现了类似火山口放射的 20～50m 长的压力裂缝。冲击力将 20～45kg 的粉砂岩块击飞到 23m 远，将 30t 的巨石冲破至现在位置（附图 B.5），同时将附近 4.57m（15ft）高的树木抬起 5m。

（2）事故描述

1973 年 3 月 1 日，在井喷现场采集了气体样本。分析显示总碳氢化合物为1％，其中 75％为丙烷，结果不包括任何自然来源。怀疑是从地层上部浸出的丙烷盐储存洞穴泄漏。在该地点进行了 13 小时的调查和测试。将洞穴保持在恒定的恒静压力下（即，内部管道充满饱和盐水并在表面打开），发现洞穴中有0.114m³/d（30US gal/d）的表观泄漏（这种测试不是完全结论性的，因为除了泄漏以外，其他原因也可以解释这种流出）。3 月 28 日用盐水将丙烷从洞穴中移

附图 B.5　类似火山口与压力裂缝现场

出，清空了存储洞穴。取回了两个内管柱并检查是否有瑕疵（附图 B.6）。进行了水泥胶结调查。调查显示，下部的 60m（从大约 341m 至 411m），使用特殊的树脂水泥，很好地黏结在一起；但是在 341m 以上部分的黏结力差。

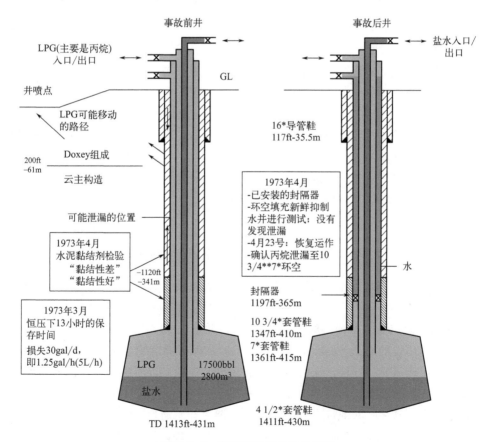

附图 B.6　事故前后的井况示意图

然后将两个取回的管柱送回井中，并添加封隔器以隔离 365m（1197ft）处的环形空间。该环形空间充满惰性水，并再次进行泄漏测试，未检测到泄漏；对洞穴的压力测试也未发现任何泄漏。该存储井于 1973 年 4 月 23 日重新投入使用。后来没有报告过类似导致井喷的泄漏事故，这表明泄漏深度位于 365m 深度以上，该区域现已被两个套管和一个监测环覆盖。

（3）事故原因

调查结果有力地表明，泄漏在 35.5m 至 340m 之间。该区域的井中装有单个水泥套管（而不是 35.5m 以上的两个套管），液化气会通过井套管中的薄弱点泄漏，然后在胶结不良的环空中向上迁移，直到到达 Doxey 页岩。从那里，它会从井口向侧面移动到距井口 700m 处。液化石油气的压力会随着迁移而降低，从而在某个点触发液化石油气的汽化。汽化释放的机械能产生了在表面观察到的火山口和裂纹。

B.3.14　美国亚利桑那州，Salt Block Storage Well，Goodyear

亚利桑那州一个盐穴燃料储存设施也有粗略的天然气泄漏报告。该盐矿可能是二叠纪时期形成的。

丙烷储存在亚利桑那州古德伊尔附近的盐穴里，被称为卢克盐穴。在储存作业的某个时刻，其中一个洞穴中的油井套管形成了一个腐蚀孔，泄漏了"几百万立方英尺"（可能约有 50 万～85 万 m^3）的丙烷，泄漏的丙烷进入周围几百米深的地层和覆盖层。丙烷积聚在地下水位以上约 92m 深的地层中，并在该地区的几口水井中被发现。

为了将丙烷从地层中排出，打了三口深度达到地下水位顶的减压井，并发现大气压的日波动影响了丙烷向大气的逸出速度。

B.3.15　加拿大阿尔伯塔省，Fort Saskatchewan，2001 年

萨斯喀彻温省电力公司在加拿大萨斯喀彻温省梅尔维尔建造了第一个专门用于储存天然气的盐穴。它建造在中泥盆纪钾盐矿地层中，深度约 1127.8m（3700ft），容量为 29 万桶（约 4.61 万 m^3），并于 1963 年投入使用。

阿尔伯塔省的 Fort Saskatchewan 位于加拿大西部沉积盆地。在盆地内，早中泥盆世的碎屑岩、红层矿床、碳酸盐和重要的钾盐矿以不整合方式沉积在前寒武系或下古生界岩石上。这些沉积物形成 Elk Point 群，并聚集在被高地分隔的盆地地形中，其中一些地区直到中泥盆世晚期才开始涌现。

2001 年，BP 加拿大能源公司在阿尔伯塔省埃德蒙顿附近的萨斯喀彻温堡东

北约 6km 处运营一家天然气液体（NGL）工厂。NGL 产品在石化行业有许多用途，它们被储存在现场的地下洞穴中，并通过管道运往阿尔伯塔省、加拿大东部和美国的许多地点。该设施是阿尔伯塔省 NGL 管道网络的重要组成部分。

2001 年 8 月 26 日至 9 月 3 日期间发生了一起事故，当时连接 103 号洞穴的一口乙烷井发生了火灾。该洞穴建造在约 1850m 深的罗斯堡盐层中，已被用于储存 NGL 25 年。洞穴容量约为 12.7 万 m^3，事故发生时洞穴中大约有 7.6 万 m^3 的乙烷。

大火和黑烟在 50km 之外都可以看到，但事故完全被控制在储气库设施内，尽管它给一些当地人造成了呼吸困难，但据说对公众没有造成任何危险。阿尔伯塔省能源和公用事业委员会（EUB）的一项调查发现，2001 年 8 月 26 日早些时候，通过往 103A 井注入盐水置换储存于洞穴中的乙烷，乙烷从 103 井被泵送出来。上午 7：00 刚过，103 号洞穴气体探测器向萨斯喀彻温堡现场的主控制室发出警报，在 103 号洞穴设施上方观察到蒸气云。103 洞被关闭，103 井打通了一条管道以减少乙烷泄漏。然而，这个行动并没有降低释放率。

火焰蔓延到第二口井，大火燃烧了一个多星期。这在很大程度上是出于安全考虑，以允许气体洞穴中的压力降低。到 8 月 28 日，由于持续的消防工作和随着乙烷储存洞穴减压而减少的气体流量，注采井大火产生的大量黑烟明显减少。8 月 29 日，可以关闭两个井口之间的一个连接阀，大大限制了两口井的火灾。

调查发现，泄漏是由于连接两个井口的管道上的锻造弯头外表面出现故障。不断增长的乙烷蒸气云在上午 9 点后点燃，起火的原因是乙烷蒸气云和现场的架空电线接触。随后电火花引发了爆炸和火灾。现场人员被疏散，工厂或紧急服务人员没有受伤。据估计，在事故发生的 8 天内，总共损失了约 1.45 万 m^3 的乙烷产品。在随后的几周内，除了与事故相关的油井、管道和乙烷储存洞穴外，大多数工厂和管道作业恢复正常。

103 洞穴的工作压力变化的幅度和发生的压力变化的速度可能已经对洞穴造成了损害，有迹象表明 103 洞穴现在显示出一些与相邻洞穴连通的迹象。103 乙烷储存洞穴将一直停运，一直到 EUB 批准其恢复运行为止。

B.3.16 美国路易斯安那州，Cavern 7，Bayou Choctaw，Baton Rouge，1954 年

1954 年，在开发储藏在 Bayou Choctaw 盐丘的洞穴期间，失控的淋滤作业导致覆盖层坍塌，进入正在开发的 7 号洞穴。事故发生后形成了一个直径 245m 的湖泊，另一个洞穴（4 号）继续受到监测，因为担心由于盖层中可能存在的断层而坍塌。

B.3.17 美国路易斯安那州，Cavern 7，Bayou Choctaw，Baton Rouge

在路易斯安那州南部的拿破仑维尔和克洛夫利盐丘边缘建造的洞穴出现了问题，导致洞穴完整性和压力维持问题。这意味着许多洞穴无法投入使用。

在 Clovelly，岩洞浸出的盐悬垂意味着没有足够的盐厚度来作为屏障。在 Napoleanville，在一些洞穴中发现了页岩层，表明遇到了盐丘边缘和外围岩石，但缓冲盐不够。

这两起事故都表明，在开始开发和开采作业之前，对场地特征的调查不够充分。

B.3.18 美国堪萨斯州，Conway Underground East facility，1980—1981 年，2002—2003 年

位于堪萨斯州麦克弗森县的康威地区有大约 300 个活跃的、被废弃的储藏洞穴。1951 年国家合作炼油协会在麦克弗森镇西部开始运作时，其中一些就被用来储存燃料。其他的储气库设施在 20 世纪 50—70 年代在康威镇周围开发。

康威地区的哈钦森盐层向西倾斜，厚度通常为 61.0～182.9m（200～600ft）。东部发生盐的溶蚀，形成湿岩头带，上覆惠灵顿页岩形成塌陷角砾岩。在这一湿岩石层中，并在盐层顶部遇到了循环损失，表明存在孔隙，2000 年 12 月就已经记录到其中的碳氢化合物。上覆的 Ninnescah 页岩厚度在 61～84m 之间。然而，松散的更新世沉积物没有延伸到康威地下储气设施的下方；地下蓄水层的西缘在场地以东约 1km 处。

记录显示，自 1956 年以来，康威地区的天然气液体（NGL）和天然气一直在从洞穴设施中泄漏。在 1980 年至 1981 年间，在康威及其周边的储存井和家庭用水井中至少 6 次发现了液化天然气和天然气。当地地下水中丙烷和碳氢化合物的泄漏和存在导致几家储存运营商购买了大约 30 所房屋，并重新安置了住户。当时，堪萨斯州卫生与环境部也要求调查泄漏丙烷气体的来源。

最近的一起事故发生在威廉姆斯天然气液体康威东地下储存设施。1959 年开始该设施为附近的一个空军基地储存飞机燃料，并于 1974 年由 Home Petroleum 运营时扩建了该设施。威廉姆斯公司在 1987 年收购了这个设施。在 2000 年 12 月，天然气在一个新钻探的油井中被发现。对它们存在的调查表明，储存设施的大片区域，特别是中北部，位于受盐溶影响的区域（湿岩头），高达 10m 的上部盐层现在消失了，坍塌的角砾岩形成了空洞，容纳了迁移而

来的碳氢化合物。2002—2003 年期间，在两口浅层地下水监测井中又发现了天然气。

B.4 欧洲的含水层型储气库事故

B.4.1 德国，Spandau，2004 年

该天然气储存设施位于柏林西郊的 Spandau，是一个在地下约 800m 的含水层天然气储气库。这里可储存高达 600 万 m^3 的天然气，足以供应柏林所有家庭一年。

2004 年 4 月 23 日上午 9 时 40 分至 9 时 45 分，柏林 Gasag Gasspeicher 燃料储存设施发生气体爆炸。事故似乎发生在一个加气站，在那里从地下储存库采出的天然气被装到公路罐车上。爆炸摧毁了一个井口监视器，气体泄漏并被点燃，产生约 30m 高的火焰。在气井被成功封堵前，气体泄漏了大约一天。据美联社（2004 年 4 月 23 日）报道，事故导致 9 名工人受伤，其中 3 人伤势严重，一个储罐被毁，几座建筑物受损，迫使方圆 1km 内约 500 名居民撤离。有迹象表明，爆炸发生的原因要么是冬季作业后的维修工作（包括对油井进行 H_2O_2 处理）造成了密封缺陷，要么储气库的压力表发生了泄漏，是地面基础设施故障造成的。

B.4.2 丹麦，Stenlille，1995 年

1989 年，在丹麦哥本哈根西南约 70km 的 Stenlille 建立了一个地下储气设施，由国有的丹麦石油和天然气公司经营。在该地区，Zechstein 矿床的盐运动导致上覆晚三叠纪气砂岩层在地下约 1500m 处形成平缓的圆顶。以黏土为主的下侏罗纪 Fjerritslev 组形成了厚约 300m 的盖层。天然气注入到 Gassum 砂岩地层中，该结构估计有 30 亿 m^3 的容量。

在 1995 年的一次钻井作业中，发生了一次轻微的气体泄漏。在钻探现场的地表观察到了气泡，在地下 130m 处的古新世含水层中发现了气体浓度的增加。浅层含水层未检测到气体浓度升高。天然气泄漏是由于套管上的一个洞，很快就得到了补救，自那以后，古新世含水层中的甲烷水平显著下降。压力和地下水监测措施在正常运行期间没有发现地下储气库泄漏气体。

B.4.3　法国，Chémery，1989 年

除了盐穴储气设施外，法国还有许多含水层天然气储存设施，包括位于巴黎西南 193.1km（120mile）处的 Chémery。它由法国天然气公司运营，是欧洲最大的天然气公司之一，于 1968 年交付使用。它将从北海通过管道输入法国的天然气储存在深度超过 1120m 的地下。事故发生时，含水层储存设施在压力为 13.0MPa（1886psi）下的气体容量约为 68 亿 m^3。

1989 年 9 月 25 日，在约 1106.4m（3630ft）深度的完井例行维护和过滤器更换期间发生泄漏。气体以 14.7 万 m^3/h（520 万 ft^3/h）的速度泄漏，其噪声超过 120dB，导致气体云发展，上升到大约 7620m（25000ft）的空中，并导致从附近机场起飞的飞机改道。

天然气泄漏期间，电线被切断，没有发生爆炸。设立了安全区，公众随时了解事态发展。泄漏最终在 9 月 27 日被堵塞。对该事故进行了审查，并为未来的维护程序制定了指导方针。

B.4.4　联邦德国，Frankenthal，1980 年

在 20 世纪 70 年代末至 80 年代初，萨尔-芬加斯公司在联邦德国 Frankenthal 运营了一个地下天然气储存设施。关于天然气从设施中逸出事故的报道很模糊，提到了大型地下储罐和"软岩和砂层中的地下室"。也就是说，大约 1600 万 m^3 的天然气以 7MPa 的压力储存在大约 680m 的深度，Frankenthal 储气库实际上是一个含水层储存设施。事故发生在 1980 年 9 月 30 日，当时设施附近的钻井作业遇到了泄漏的气体。水和泥浆被灌入井中，试图阻止气体逸出，但没有成功。当一个 14t 的阀门安装在地下管道上时，泄漏最终被阻止，事故最终在 10 月 16 日得到控制。有迹象表明，钻井活动损坏了通往地下"储藏室"的现有管道。

幸运的是，逸出的气体从未着火，但当时气体损失的价值估计为 1000 万德国马克或 500 万美元。

B.4.5　民主德国，Ketzin，20 世纪 60 年代

Ketzin 天然气储存设施位于柏林以西约 25km 处，由 UGS Mittenwalde 运营。它是在德国东北部盆地开发的，是二叠纪盆地系统的一部分，该盆地系统从英格兰东部和北海穿过丹麦、荷兰和德国北部一直延伸到波兰。与北海南部一

样，沉积了厚厚的泽希斯坦盐层，随后在三叠纪和侏罗纪沉积了一系列厚厚的砂岩和泥岩。盐的流动导致了一系列的枕状、壁状和尿布状构造，导致了上覆中生代覆盖层的变形，形成了背斜和向斜系统。

报告显示，在 20 世纪 60 年代，注入和储存的天然气从储气库中泄漏，最终到达地表，导致附近的 Knoblauch 村庄（永久）疏散。有人提到 CO 的泄漏也与此泄漏有关。在这起事故中，CO 从一口旧井进入一所房子，造成 1 人死亡，随后对井进行了修复和密封。此储气设施中的天然气储存一直持续到 2000 年。地震反射研究在地震反射数据上揭示了含水层单元中的振幅异常，表明在靠近构造顶部的一些含水层单元中仍有残余（垫状或残余）气体。由 CGFZ 西南向、东西走向的主断裂上采集的地震反射资料，观测到振幅异常和长约 1km、宽约 100m 的气体通道。这表明储存或残留的天然气已经或正在从储集层中迁移出来。

B.5 美国的含水层型储气库事故

B.5.1 美国怀俄明州，Leroy Storage Facility，1974 年

Leroy 储气库位于怀俄明州尤塔县，距盐湖城东北约 160.9km（100mile），1973 年至 20 世纪 80 年代中期由山地燃料供应公司运营。早期的油气勘探定义了一个背斜结构，其西侧被断层包围。1951 年钻探的一口探井（Leroy3）在三叠系下泰恩组中发现了两个潜在的粗粒砂岩储层单元，深度约为地面以下 900m（海拔约 1161m）。1969 年，为了储存天然气，对这些砂岩进行了重新检查。泰恩斯组中部的页岩、粉砂岩和硬石膏为储气层提供了盖层。砂岩含水层的初始压力为 10.34MPa（1500psi，表压），1970 年 10 月开始对该结构进行测试。

在 1972 年 8 月期间，继续进行进一步评估，注入了大约 5660 万 m³ 的气体。该设施随后于 1972 年 11 月获得批准，1973 年又钻成了更多的注采井，将产能提高到约 9910 万 m³。然而，在达到 1.04 亿 m³ 和 12.00MPa（1740psi，表压）的储气压力时，天然气开始从 3 号井的表层套管周围逸出。

调查发现，天然气泄漏来源于邻近 Leroy4 井的一个套管腐蚀，该井位于双溪石灰岩内 415m 处，然后通过该井运移到 Leroy3 井。气体随后沿着旧的 3 号井运移到地表。有人试图修复，但没有成功，Leroy4 井最终在 1974 年被封堵和废弃。

1974 年，估计的储气量在 1.00 亿～1.10 亿 m³ 之间，压力接近最初的

10.34MPa（1500psi，表压）。1975 年，这一数字增加到 12.62MPa（1830psi，表压），比原始含水层压力高出约 2.28MPa（330psi，表压），储气量约为 2.46 亿 m³。1978 年，一项地面调查显示，储油库上方的一条小溪和池塘里出现天然气气泡。1979 年至 1981 年间进行了几次气体示踪调查，证实气体从含水层泄漏并到达地表，有时在注入后 9 天内出现此现象。

根据 1981 年对结果的分析，该储气库的气体损失无法避免，但可以通过限制储气库的最大压力来控制泄漏率。

Leroy 设施的事故是典型的含水层储气库会发生的问题。这些设施需要在高于初始值的压力下注入气体，以将孔隙中的水驱出，Leroy 设施的气体泄漏显然与压力引发的 Thaynes 地层中部的水力密封失效有关。

B.5.2 美国犹他州，The Coalville and Chalk Creek 储气库，1973 年

Questar 运营着两个地下砂岩储气库，用于满足乔克溪峡谷和科尔维尔的高峰负荷需求。天然气储存在多孔、可渗透的白垩系砂岩层中；白垩溪的储层单元是位于地下约 550m 开尔文组的砂岩层，而在科尔维尔，储层单元是位于地下约 730m 的下边界组的长壁砂岩。两个储存单元的圈闭由断层形成，并被上覆的不透水页岩封闭。

Chalk Creek 储气设施的钻井始于 1960 年，1973 年的泄漏始于 Coalville 储气单元。储气库内的土壤气体调查显示储气库发生了泄漏：储气库气体存在于储气库上方的地层中，至少有一部分泄漏来自储气库和东部的 Pineview 尤油田，与断层有关。

B.5.3 美国加利福尼亚州，Pleasant Creek Gas Storage，1972—1976 年

Pleasant Creek 储气设施位于加州萨克拉门托西部的萨克拉门托盆地。储层层位发现于地下 760m 深度的白垩纪层序顶部的浅地层圈闭中。1972—1976 年期间，对整个储气场进行的浅层土壤气体调查（大约 10m 深）表明，天然气已经从储层向上泄漏。

B.5.4 美国伊利诺伊州和印第安纳州的含水层型天然气储气库事故

在 20 世纪 70 年代，超过 164 亿 m³ 的天然气储存在伊利诺伊州 37 个地方的

地下储库中。目前这一地区的储库数量为 29，其中 18 个为含水层储存。这些设施由多家运营商运营，建造在寒武纪至石炭纪的不同年代的岩石中，大部分储存量是在寒武纪和奥陶纪的砂岩含水层中。部分设施遇到了问题，并最终被关闭。所有这些都是含水层储存设施，由于盖层密封不充分和断层造成的问题而发生泄漏。易洛奎斯县新月城的另一个设施在 1967 年由北伊利诺伊州天然气公司测试，1974 年被报告为不活动。印第安纳州的另一个含水层储存设施因为气藏太浅而被废弃。细节还很粗略，但看起来一些水井受到了从浅层储层迁移出来的天然气入侵的影响。

伊利诺伊州约有 650 个油田，位于伊利诺伊州盆地，这是一个细长的克拉通内盆地（失败的裂谷），主要发育在伊利诺伊州中部和南部、印第安纳州西南部和肯塔基州西部。盆地西北向东南延伸约 600km，东北向西南延伸约 320km，伊利诺伊州南部和肯塔基州西部沉积充填厚度最大，其中探明寒武纪至二叠纪沉积地层厚达 7000m。碳氢化合物储存在许多储层单元中，其中包括：寒武纪西蒙山、Eau Claire、Galesville 和 Ironton 砂岩，下奥陶统贡特和新里士满砂岩以及中奥陶统圣彼得砂岩。后者被厚厚的、不透水的、地区性广泛的 Maquoketa 页岩群覆盖，该页岩群是一个主要的隔水层。

（1）Herscher，Kankakee County，1953 年

伊利诺伊州天然气储存公司于 1952 年钻探了 100 多口构造试井，描绘出双倾、南北走向的非对称 Herscher 背斜。Galesville 砂岩和 Mt Simon 砂岩都是作为储集层发育的。Ironton 组由 38m 的砂岩和白云岩组成，是 Galesville 砂岩的盖层 Galesville 砂岩本身厚约 30m，深度为 533m。Mt Simon 砂岩厚约 760m，深度为 747m，尽管天然气只储存在最上部和上覆的 Eau Claire 组的 Elmhurst 砂岩段。该储层的盖层是由 Eau Claire 组伦巴德段的 60m 页岩和白云岩提供的。

向 Galesville 砂岩注气始于 1953 年 4 月，但在 6 周内，发现 33 口浅水井开始起泡，随后停止注气。1956 年，人们在储层中钻了几口井，将气泡外围的水抽走，然后重新注入上覆地层。这使得能够调节和控制上覆地层中的压力，通过回收泄漏到 Galena 砂岩和 Galena 中的天然气，可以成功地注入和储存天然气，而不会显著提高 Galesville 砂岩中的压力。

Mt Simon 砂岩的测试始于 1957 年，储存工作于 1957 年末开始，下部储层没有发现泄漏。

（2）Manlove（aka Mahomet），Champaign County，1961 年

Champaign County 西北部的 Manlove 储气库由 People Gas Light and Coke 公司开发，位于拉萨尔背斜的南北走向的细长地带，长约 11km，宽 9.6km。1961 年，人们最初尝试在 St Peter 砂岩中储存天然气，但在该构造顶部以南发

现，天然气已向上迁移到冰川漂流沉积物中，因此停止了储存。为了防止瓦斯积聚，在泄漏区域钻了浅通风井，但尽管对结构和井进行了测试，但始终没有发现泄漏的原因。

对加尔斯维尔砂岩储层的测试始于 1963 年，但发现天然气向上运移到圣彼得砂岩，测试中断。与此同时，位于地下约 1200m 处的西蒙山砂岩经过评估，发现适合作储存用途，其上覆的 Eau Claire 地层中有 30m 厚的页岩层提供了足够的封闭性。天然气注入始于 1964 年，该设施于 1966 年投入使用。

(3) Pontiac, Livingston County, 1969—1974 年

伊利诺伊州北部天然气公司于 1963 年开始对 Pontiac 地区南北走向的背斜结构进行初步调查，该背斜长 8km，宽 4.8km。Mt Simon 砂岩厚 600 多 m，在地下约 900m 处提供了储集层。盖层是由大约 40m 的页岩和薄的白云岩透镜体形成的，形成了 Eau Claire 组的伦巴德段（Buschbach&Bond，1974）。然而，夹在中间的泥质粉质砂岩约 15m 厚，提供了一个不完整的密封，降低了设施的效率。天然气于 1966 年首次注入 Mt Simon 砂岩，该设施于 1969 年投入使用，但到 1974 年停用。

1970 年，对较高的 St Peter 砂岩也进行了储气潜力测试，但盖层密封性无法得到保证，于 1974 年停止了进一步的测试。

(4) Sciota，McDonough County，1974 年

在 Sciota 地区钻了几口探测井，表明存在一个背斜构造。1971 年，中伊利诺伊州公共服务公司的测试证实 Sciota 结构为 NNW-SSE 向背斜，其中 Mt Simon 砂岩在约 800m 深处形成了储层。盖层由 90m 的泥质和砂质白云岩提供，它们与 Eau Claire 组的页岩互层。

在 1971—1972 年期间，继续测试和注入约 60 万 m^3 的气体。该设施于 1974 年废弃。

(5) Troy Grove, La Salle County, 2004 年

1957 年至 1958 年间，北伊利诺伊天然气公司在 Troy Grove 地区测试了一个结构。试验再次证明在 La Salle 背斜带内存在一个长 8km、宽 4.8km 的背斜。至少有四条断层错位背斜，最大可达 55m。其中 Mt Simon 砂岩储层深度超过 430m，在 Eau Claire 地层上部约 55m 的页岩和粉砂岩提供了盖层（Buschbach & Bond，1974）。

天然气于 1958 年首次注入，该设施于 1959 年投入运营，自储层早期开发以来，已知天然气从 Mt Simon 储层迁移到 Eau Claire 组上下层的砂岩中。这导致了上覆地层的压力增加，而压力是由从这些地层中抽回气体并在深度上回注控制的。直到最近，人们还认为覆盖在 Eau Claire 封顶岩上的序列阻止了气体迁移到较浅的序列中，然而，已经发现一定量的气体到达地表。

（6）Waverley，Morgan County，1974 年

20 世纪 20 年代初，在 Jacksonville 附近发现了背斜构造，后来钻探在该构造中发现了石油和天然气。该构造为穹顶状，存在三个储集层：Ironton-Galesville 储集层厚约 10m，深约 1070m（盖层由 Davis 成员提供，厚约 21m），圣彼得砂岩厚 76～90m，深 550m，以及通常为圣彼得储集层提供盖层的方铅纳组内的副砂岩。20 世纪 50 年代初，Panhandle Eastern 管道公司获得了储存权，并于 1954 年开始向圣彼得砂岩注入天然气，该设施于 1961 年全面投入运营。Ironton-Galesville 气藏的注水始于 1968 年。

发现天然气从 St Peter 油藏通过 Joachim 组和 Platteville 组的石灰岩、白云岩和薄页岩层盖层运移到 Galena 组的孔隙带。Maquoketa 组上覆 Galena 组的 60m 页岩似乎阻止了进一步的运移，天然气要么被回收到 St Peter 气藏，要么被开采出来。

（7）Brookville，Ogle County，1964—1965 年

在 1963 年至 1964 年期间，对 Mt Simon 砂岩进行了勘探，该砂岩位于北西—南东向背斜构造中，在地下 320m 左右的储层水平上有 40m 左右的闭合。Eau Claire 地层大约 70m 形成盖层，虽然测试没有得出结论，但有迹象表明 Mt Simon、Eau Claire 地层、Galesville 地层和 Ironton 地层之间存在联系。1964 年 11 月至 1965 年 7 月期间，人们证实了与上覆砂岩的连通，当时向西蒙山气藏注入了 2530 万 m^3 的天然气。储层的断裂被认为是最有可能导致天然气运移的原因。该项目在 1966 年被放弃。

（8）Leaf River，Ogle County，1968—1969 年

1968 年至 1969 年间，在一个 Leaf River 储集层砂岩闭合约 25m 的 WNW 向断背斜中进行了测试，预计盖层将由 Eau Claire 组提供。气藏位于地下约 250m 处。大约 1090 万 m^3 的天然气被注入，位于盖层上方多孔地带的观察井的水位上升证明了储集层的泄漏。泄漏最有可能是由于断层造成的，该项目于 1971 年被放弃。

B.6 无衬砌岩洞、废弃盐矿和煤矿洞穴燃料储存事故

B.6.1 美国路易斯安那州，Weeks Island，1991 年

Weeks Island 盐矿位于杰斐逊岛东南约 30km 处，在墨西哥湾沿岸侏罗纪 Louann 盐岩形成的 Weeks Island 盐丘中挖掘而成。该设施是美国战略石油储备

（SPR）的一部分，利用了位于莫顿盐业公司矿址海平面以下 150～220m 的废弃空间和矿柱洞穴。盐丘的顶部低于海平面 40m。该矿是在 20 世纪 70 年代从采矿公司购买的，因此不是一个定制建造或设计的储存碳氢化合物的设施。在注油后（1980—1982 年），该设施储存了大约 7250 万桶（约 1152.7 万 m^3）原油。

1990—1991 年，在一个盐矿的边缘形成了一个陷坑；到 1992 年 5 月，这个陷坑的直径为 10m，深度为 10m。1995 年初，在盐矿的边缘也发现了第二个较小的陷坑。这些陷坑是一系列地质、水文和采矿因素造成的，具体来说，矿井的几何形状和开挖引起的应力使矿井周边处于紧张状态，并导致上覆岩层的裂缝发展。这可能早在 1970 年就出现了。裂缝允许不饱和盐水向下渗透，最终到达 SPR 矿井，溶解盐的顶部，形成空隙，最终导致上覆岩层坍塌。

通过将饱和盐水直接注入陷坑下方的裂缝，1990—1991 年形成的陷坑最终得到了稳定。随后在陷坑周围建造了冻结墙以阻止地下水流动，然后将储存的原油提取出来。调查显示，1978 年在矿井附近曾有过一次地下水泄漏，当时通过向流道注入水泥灌浆来阻止。储存的原油被采出，但还是留下约 147 万桶（约 23.4 万 m^3）在设施中，该设施在 1999 年后被封堵和废弃。

B.6.2　美国科罗拉多州，Leyden，Arvada，20 世纪 90 年代

Leyden 煤矿位于科罗拉多州阿尔瓦达附近，位于丹佛西北约 22.5km（14mile）处，乌鸦岭资源公司（Raven Ridge Resources）于 1998 年对其进行了勘探。它位于丹佛盆地西缘的一个南北走向的单斜构造莱顿霍巴克（Leyden Hogback）以东 250m 处。沿单斜露头的是接近垂直的上白垩统地层，包括皮埃尔页岩、含煤的拉勒米组和狐狸山组。在矿区以东，地层倾角减小到接近水平，距离约 366m，因此煤层位于地下 244m 至 260m 之间。该矿场占地约 4.83km（3mile）宽，3.22km（2mile）长。通过房柱法从 A 和 B 煤层开采了多达 600 万 t 的亚烟煤，这些煤层位于拉勒米地层的下方 61m 处。该组煤层包括一系列水饱和的页岩和砂岩，为老矿坑中的气体提供密封。

1960 年，煤矿获准注入和储存天然气。该设施由科罗拉多州公共服务公司（PSCo）和后来的 Xcel Energy 运营，以支持其在科罗拉多州前线地区的天然气分配和输送业务。它是美国唯一一个由废弃煤矿制成的地下天然气储存设施，直到 2001 年停止运营。在运行期间，高达 9910 万 m^3 的气体储存在 1.17～1.72MPa（170～250psi）的压力下。压力太高，导致天然气损失。据称，该公司从早期就意识到了这一点。

20 世纪 90 年代的研究表明，天然气已经通过煤层和砂岩泄漏到地下水中，在煤矿上方产生了一股气体。PSCo 随后输掉了一场法庭诉讼，其中包括 27.8 万

美元的惩罚性赔偿。在此案中，PSCo 在设施开放几年后才知道一口井发生了气体泄漏，并知道大多数其他井发生了破裂和泄漏。人们还发现许多井中有气体冒出。

由于周边地区被住宅和商业开发的不断侵占，PSCo 在 2000 年初宣布，他们打算关闭该设施，计划向天然气储存设施中注水，创建一个能够供应 Arvada 市的大型地下水库。该设施于 2001 年开始停止使用，2003 年 11 月，Xcel Energy 开始向地下洞穴注水，计划于 2005 年完工。

B.6.3　美国伊利诺伊州，Crossville Storage Cavern，1981 年

伊利诺伊州的 Crossville 储存洞穴是浅层储存洞穴的典型代表，其建造深度约为 60m，在其 30 年的大部分寿命中经历了一些渗漏。事实上，这是一个古老的浅矿井，有一系列的巷道（隧道），在 1981 年开始调查气体释放之前，这些巷道作为储存设施运行了 20 年。

该储气设施的泄漏原因疑是竖井泄漏，但可能是一个或多个洞穴漂流泄漏。1981 年至 1982 年期间，为了确定、监测和定位气体泄漏点，作为土壤气体监测项目的一部分，建造了多达 450 口 3～4m 深的浅井。用丙烷充填洞穴，使其恢复到原来的压力，并在 15 天内在观察试验孔内观察到丙烷的充注。检测到直径为 185m 的污染区域，该污染区与竖井不对称。然而，丙烷背景使得很难确定在取样期间再次出现在地表的产品是不是直接从储层中出来的。1982 年，氪和氦示踪剂也被注入，第一天在竖井周围探测到一个氦泄漏点。15 天内，氦也到达了地表和早期碳氢化合物点的外围区域。氦泄漏也在其中一个漂移的末端发现。

注氦试验表明，洞室渗漏较快，且与洞室竖井有很大关系。在覆岩中，压力驱动的运移发生在断层、裂缝和节理上。研究还发现，近地表沉积物中的丙烷迁移到大气中的速度与大气压力的日变化相关。

B.6.4　比利时，Anderlues，1980—2000 年

Anderlues 煤矿位于比利时南部的 Hainaut 煤田。它在 1857 年至 1969 年间被开采，之后被关闭，但其排水设施仍得到了维护。天然气储存作业始于 1980 年，储气压力低（0.35MPa），储气深度在 600～1100m 之间。然而，由于与浅层矿井的连通性（气体通过浅层渗漏到上覆地层）、井筒维护工作费用高昂以及瓦斯在煤层上的高吸附水平，储气工作于 2000 年停止。

B.6.5 美国弗吉尼亚州，Ravensworth，1973年

该设施由 Washington Gas Light 公司运营，位于美国弗吉尼亚州。

丙烷储存在地下约 130m 的无衬砌地下洞穴中，容量约为 5 万 m³。1973 年 8 月 24 日发生产品释放事故。洞穴储存作业继续进行，同时在井附近注水，试图阻止和减轻排放。

Washington Gas Light 公司的地下储存设施，将液化石油气储存在岩石洞穴中，这表明它不同于盐穴，很可能是一个废弃的煤矿。